JN223395

国土づくりを担うプロフェッショナルたちの経験

建設未来研究会
日経コンストラクション
日経クロステック
編

はじめに

　皆さんは、「建設」という言葉にどんなイメージをお持ちでしょうか?

　橋・ダムといった大規模な土木構造物や高層ビル等の建築物の工事現場、あるいはダンプトラックやクレーン車といった大きな建設機械、一方では、私たちの身近な道路工事の現場や住宅などの建築現場で働く方々が汗を流しながら働いている姿かもしれません。

　皆さんの暮らしを支えている橋やビル、ダムといったインフラを造り続けている、縁の下の力持ち、そんなイメージをお持ちの方は多いと思います。確かにこれらが建設の代表的な姿であることは間違いありません。

　一方で、建設で取り組む「ものづくりのありよう」をつぶさに見てみると、単に社会を支える土台を造っているだけでなく、ものづくりを通して社会そのものを絶えず変革している姿も見えてくると思います。

　そして、その変革の中心にいるのは、建設の現場でものづくりに携わっている一人ひとりの「人」にほかならない、私たちは、そう考えています。

　建設に携わる人たちの活動が社会の多くの人たちとつながり、社会を支えながら変革したり変革しようとしたりしている——。私たちは、本書を手に取った皆さんにそんなふうに感じてほしいと思い、建設の世界で活躍する人にフォーカスして、その活動を分かりやすく紹介することとしました。

　本書では、我が国を取り巻く様々な災害や環境の変化に対応できる「強くしなやかな社会」に求められる要素を、「安心して暮らせる」「どこでも暮らせる」「誰もが快適に暮らせる」「国際的に尊敬される」という4つのキーワードにブレイクダウンしました。

　そのうえで、これらのキーワードに沿った取り組みについて建設の領域がどのように関わっているのか、できるだけ多くの事例をピックアップし、建設の世界で頑張る人の視点で紹介しています。

人に焦点を当てた"物語"は一話完結型の読み物風に仕上げました。どこから開いても読みやすいので、関心を持たれたテーマや写真・イラストが目についたところ等、どこからでも気軽に読んでください。本書で紹介した物語を通じて、建設の仕事が変える未来が見えてくると私たちは確信しています。

　「未来への挑戦」というタイトルには、そんな「建設の姿を知ってほしい」という思いを込めています。

　「建設の世界は楽しそうだな」、「未来の社会を拓く仕事ができそうだな」、「最新のテクノロジーに触れてみたいな」、きっかけは何でも構いません。本書を読んで建設の世界に興味を持つことができたなら、その世界をもっとのぞいてみてください。皆さんが私たち建設の仲間になっていただけることを心から待ち望んでいます！

2024 年 9 月　「建設未来研究会」一同

建設未来研究会

足立 敏之	参議院議員（元国土交通省技監）
青木 由行	不動産適正取引推進機構（元内閣府地方創生推進事務局長）
天野 雄介	河川財団（元海外プロジェクト審議官）
井上 智夫	西日本旅客鉄道／日本製鉄（元水管理・国土保全局長）
岩田 美幸	日本建設業連合会（元内閣府沖縄総合事務局次長）
植松 龍二	日本下水道新技術機構（元水管理・国土保全局下水道部長）
奥村 康博	元国土技術研究センター（元国土技術政策総合研究所長）
神田 昌幸	大和ハウス工業／大阪府・大阪市（元東京 2020 組織委員会輸送局長）
木村 嘉富	橋梁調査会（元国土技術政策総合研究所長）
五道 仁実	京都大学大学院／先端建設技術センター（元内閣官房国土強靭化推進室次長）
内藤 正彦	リバーフロント研究所（元北陸地方整備局長）
野田 勝	日本建設情報総合センター（元国土地理院長）
英 直彦	オオバ（元復興庁宮城復興局長）
平井 秀輝	水源地環境センター（元海外プロジェクト審議官）
藤井 健	元首都高速道路（元国土政策局長）
三橋 さゆり	日本建設情報総合センター（元水管理・国土保全局水資源部長）
渡辺 学	道路新産業開発機構（元近畿地方整備局長）

CONTENTS

p2　**はじめに**
p220　**おわりに**
p223　**参考文献**

CHAP.**1** 安心して暮らせる国土をつくる

災害に対して強靭な国土をつくる

p8　　流域治水の先進地域、"by ALL"で進める大和川
p12　世界最大級の大断面となるトンネル掘削への挑戦
p16　能登半島地震からの復旧支えた地域建設業の道路啓開
p20　災害現場へ駆けつけて自治体の復旧を支援する TEC-FORCE
p24　若手技術者にも使いこなせるインフラ管理の新技術
p28　舗装工事DXが現場と働き方を変える
p32　**節についての論述** 蓄積された知見と新技術で激甚化する災害に挑む

カーボンニュートラルを実現する

p36　多国籍チームで完遂した国内初の商用大型洋上風力発電所
p40　減災と再エネ活用の拡大を両立するハイブリッドダム
p44　CO_2排出量をマイナスにするカーボンリサイクル・コンクリート
p48　**節についての論述** 建設イノベーションで地球温暖化を緩和

社会経済活動の基盤を強化する

p52　東海環状自動車道の整備が示す広域道路ネットワークの重要性
p56　フィリピン・セブ都市圏の発展を支え、橋梁技術を高めたODA支援
p60　ラピダス進出の北海道で未来を拓く「道央圏連絡道路」
p64　**節についての論述** 立地競争力を左右する基盤ネットワークの柔軟性と安全性

CHAP.**2** どこでも暮らせる国土をつくる

地方創生を進める

p68　市営バス再生で"超クルマ社会"に風穴
p72　地域食文化の活力が能登半島地震の復興の灯に
p76　ジャパネットが挑む「長崎スタジアムシティ」
p80　**節についての論述** 多様性消滅の危機回避に向け地域価値を生かすための貢献

新しい業態に挑む

p84　復興、再エネ、地域インフラ再生、業態を拡大する建設会社
p88　地場ゼネコンを起点に好循環を　静岡・三島の「イノベーションまちづくり」
p92　現場と働き方を変える新職域「建設ディレクター」の活躍
p96　"国内初のコンセッション"で脱請負、事業者として社会課題の解決も
p100　**節についての論述** 社会変化に適応して事業変革で業界の魅力高める

DXを使いこなす

- p104　建機の自動運転を核に現場を工場化する施工システム
- p108　建設3Dプリンター製の土木建造物、公共工事のあちこちで実現へ
- p112　秘境の現場で未来志向の遠隔復旧工事
- p116　超高齢化が進む豪雪地域で"生活の足"を自動運転で確保
- p120　`節についての論述` デジタル技術を上手に使い生産性を高め現場を変革

社会の変化に適応する

- p124　障がいのある人が建設会社で働くという選択肢
- p128　空間を超えて職人の技を
- p132　建設業界に欠かせない戦力　外国籍人材の育成が自社の成長に
- p136　`節についての論述` 多様な人材が活躍できる環境と新技術開発で担い手確保へ

CHAP.3 誰もが快適に暮らせる国土をつくる

快適に暮らせる環境をつくる

- p140　新規LRT路線となる宇都宮ライトレールを整備
- p144　東京五輪を契機に改善進めた都市交通のアクセシビリティ
- p148　脱炭素に貢献しつつ快適な木質建築で「第2の森林」を
- p152　`節についての論述` 都市の安全・安心や暮らしをより豊かにする建設技術

グリーンインフラと生物多様性

- p156　「つなぐ」にこだわった線路跡地整備
- p160　治水対策の掘削土砂を活用し球磨川河口域でヨシ原を再生
- p164　都市と農村をつなぐ下水道資源の利用
- p168　`節についての論述` 自然環境との共生で循環型の「グリーン社会」へ

CHAP.4 国際的に尊敬される国をつくる

歴史・文化を大切にする国をつくる

- p172　出雲大社表参道で歩行者が主役の道づくり
- p176　被爆時の姿を残す世界遺産「原爆ドーム」の保存
- p180　大火からの首里城復元に「見せる復興」で挑む
- p184　`節についての論述` 歴史や文化を生かしたまちづくりでにぎわい生む

日本の知見・技術で国際貢献する

- p188　北米最長を誇るアーチ橋の難工事を日米技術者の協働で乗り切る
- p192　若い力を結集して建設した、東南アジア最大級の斜張橋
- p196　巨大都市に発展したマニラ首都圏に洪水氾濫を低減する日本の技術支援
- p200　即断と被災地域との連携で日本の防災技術を生かす
- p204　インドの地下鉄に日本の技術、現場の安全管理や運用を変革
- p208　`節についての論述` 日本の知見が世界各国の課題を解決

CHAP.5 建設界は社会をつくる強力なエンジン

- p214　未来の建設人と共に目指す建設界の新たな姿

本書籍中に登場する人物等については、原則として取材当時や出典初出時の肩書きで表記しています。

CHAP.

1

安心して暮らせる国土をつくる

災害に対して強靭な国土をつくる

p8 流域治水の先進地域、"by ALL"で進める大和川
建設未来研究会

p12 世界最大級の大断面となるトンネル掘削への挑戦
横浜環状南線 釜利谷庄戸トンネル工事 鹿島建設・前田建設工業・
佐藤工業 JV 庄戸トンネル工事事務所

p16 能登半島地震からの復旧支えた地域建設業の道路啓開
七尾鹿島建設業協会 会長 田村行利

p20 災害現場へ駆けつけて自治体の復旧を支援する TEC-FORCE
建設未来研究会

p24 若手技術者にも使いこなせるインフラ管理の新技術
ジビル調査設計 企画開発室 北陸事業所長 南出重克

p28 舗装工事DXが現場と働き方を変える
大成ロテック 技術部本部 先端技術推進部 建設DX推進室 係長 池田直輝

p32 [節についての論述]
蓄積された知見と新技術で激甚化する災害に挑む
建設未来研究会

カーボンニュートラルを実現する

p36 多国籍チームで完遂した国内初の商用大型洋上風力発電所
鹿島 土木管理本部再生エネルギー部 グループ長 清水光（肩書きは2024年3月時点）

p40 減災と再エネ活用の拡大を両立するハイブリッドダム
ニュージェック 河川部門 ダムグループ グループ統括 赤松利之

p44 CO_2排出量をマイナスにするカーボンリサイクル・コンクリート
大成建設 技術センター社会基盤技術研究部 部長代理 坂本淳

p48 [節についての論述]
建設イノベーションで地球温暖化を緩和
建設未来研究会

社会経済活動の基盤を強化する

p52 東海環状自動車道の整備が示す広域道路ネットワークの重要性
建設未来研究会

p56 フィリピン・セブ都市圏の発展を支え、橋梁技術を高めたODA支援
大日本ダイヤコンサルタント 海外事業部 プロジェクト担当部長 長尾日出男

p60 ラピダス進出の北海道で未来を拓く「道央圏連絡道路」
建設未来研究会

p64 [節についての論述]
立地競争力を左右する基盤ネットワークの柔軟性と安全性
建設未来研究会

7

災害に対して強靭な国土をつくる
流域治水の先進地域、
"by ALL"で進める大和川

　近年の激甚化・頻発化する水害への対策として、「流域治水」の重要性が増している。国や自治体、企業、住民等、流域のあらゆる関係者が水害を自分事として捉え、連携して対策に取り組む"by ALL"の治水である。この先進事例として、国の特定都市河川に指定され、奈良県内に位置する大和川水系の取り組みについて、流域治水の3本柱の施策と併せて紹介する。

　大和川は奈良県と大阪府をまたぐ1級河川だ。府県境界で川幅が急に狭まる「亀の瀬」を通って大阪平野に抜ける。上流域に広がる奈良盆地では、河川の勾配が比較的緩やかで156本もの支流が集まっている。

　洪水時に浸水被害を受けやすい地形でありながら、流域の3割以上が市街地化されており、防災・減災上の課題を抱えてきた。そのため、1980年代から新たな治水対策に着手。国が流域治水の施策を打ち出す前から、流域全体で総合的な治水対策を推進してきた。

奈良県が治水対策に着手するきっかけとなった1982年の浸水被害の様子。約1万戸が浸水した
（写真：11ページまで特記以外は国土交通省）

国土交通省が大和川流域で整備を進める5カ所の遊水地（資料：国土交通省）

　大和川流域の課題は、府県境にある亀の瀬が地滑り地帯であり、狭窄部を容易には拡幅できない点にある。そのため、上流の奈良県内で浸水被害を受けやすかった。そこで、洪水時の河川の水を一時的に貯めて河川の水位を下げる遊水地を整備する。国による流域治水の1つ目の柱である「氾濫をできるだけ防ぐ・減らすための対策」に沿った内容で、国土交通省が大和川流域の計5カ所で進めている。

　さらに流域内の県や市町村では、開発行為に伴う雨水の流出増加を回避するために流出抑制対策を義務化。併せて、農業用のため池では、放流口の改修や大雨の際の事前放流による治水利用の推進を図っている。

　浸水が頻発する市町村では、内水による浸水被害の解消も課題となる。そこで、雨水が河川に流入する地域（集水域）で水をできるだけ貯める取り組みを進めている。例えば、奈良盆地の中央に位置する田原本町では貯留量が5000㎥に及ぶ巨大な「雨水貯留施設」を整備。2023年6月の大雨の際には、周辺住居の浸水被害を防いだ。

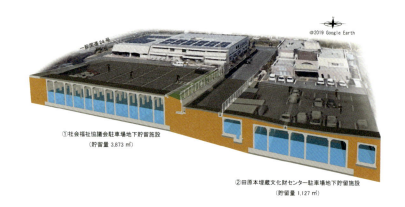

①社会福祉協議会駐車場地下貯留施設
（貯留量 3,873㎡）

②田原本埋蔵文化財センター駐車場地下貯留施設
（貯留量 1,127㎡）

奈良県田原本町の社会福祉協議会駐車場他雨水貯留施設のイメージ。
2021年に竣工した（資料：奈良県田原本町）

住民ごとの避難計画「マイ・タイムライン」を作成

　by ALL の治水対策では、水害リスクに応じた土地利用や住まい方に関する規制と誘導も重要だ。国は流域治水の2本目の柱として「被害対象を減少させるための対策」を掲げている。

　大和川流域では、頻繁に床上浸水が発生すると予測される区域（10年確率で50cm以上浸水する区域）を市街化編入抑制区域に指定。新たに市街化区域に定めない方針とした。また、新たに「浸水被害防止区域」を指定する方向で、県と川西町、田原本町の間で検討を進めている。住居や要配慮者施設が洪水に対して安全な構造となるよう、居室床面の高さを基準水位以上とするよう義務付ける考えだ。

　地域の水害リスクを知り、あらかじめ避難先や避難のタイミングを想定する──。流域住民の理解度を高める施策も、流域治水に欠かせない。国は「被害の軽減、早期の復旧、復興のための対策」として、流域治水の3本目の柱に据える。

大和郡山市の鰻堀池におけるため池治水の実例（写真：2点とも奈良県大和郡山市）

　国では従来の「洪水ハザードマップ」の解説に加え、水害の歴史を学ぶ防災教育や、自分たちの避難計画「マイ・タイムライン」を作成する講習会も実施してきた。

　このように浸水に見舞われやすい大和川流域では、40年以上も前から国・県と市町村、地域住民が協働して水害対策に取り組んできたのだ。

　17年、23年と近年は大きな水害が発生した。気候変動のスピードに対応するために、今後も by ALL——すなわち「流域全員参加」による治水に取り組んでいく。

「マイ・タイムライン」の作成講習会の様子

災害に対して強靭な国土をつくる
世界最大級の大断面となる
トンネル掘削への挑戦

　横浜市南部で、断面積が世界最大級のトンネル工事を進めている。約1kmの区間に7本のトンネル（総延長3946m）を構築する「横浜環状南線釜利谷庄戸トンネル工事」だ。上部には閑静な住宅街が広がり、土被りはわずか10m程度。周辺環境に影響を与えることなく、安全に超巨大構造物を構築する。これが今回の工事のミッションだ。

　筆者はこの現場において、施工者JVの代表企業である鹿島で現場代理人を務めている。これまで誰も経験したことがない規模の現場を任された際には、土木技術者としての重責と醍醐味を感じ、大きく高揚した。その記憶は今も鮮明に残る。

NATM工法による道路トンネルとして世界最大級となる「横浜環状南線釜利谷庄戸トンネル工事」の現場。断面積は485㎡を誇る（写真：大村 拓也）

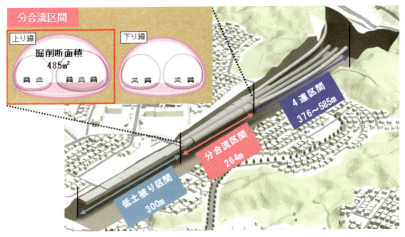

釜利谷庄戸トンネルの3区間の構成イメージ（資料：鹿島）

　世界最大級の大断面トンネル掘削に、いかに挑むか。大きく3つに分かれる区間のうち、上り線トンネルの分岐部で掘削断面積が485㎡に達する箇所がある。施工で重視したのは、トンネル施工の基本である「早期閉合」だ。いち早く円形断面に掘削し、アーチアクションに期待する「NATM工法」を採用した。

　とはいえ、どう掘るか。一般的な2車線の道路トンネルの6～7倍に及ぶ断面を既存の掘削機械で掘るのは難しい。一方、細かく分割して掘削すれば変形量が大きくなるリスクもある。

　そこで、トンネル断面を3分割で掘削する当初の計画案を2分割で掘削できるように改め、機械側で対応した。メーカーとタッグを組み、世界最大クラスの掘削機械を今回の工事に合わせて改造し、超大断面トンネルの2分割掘削を可能にした。

掘削断面の最大高さは20m、最大幅は29mに及ぶ。地質・地層観察は近接目視が基本だが、今回は危険を伴う点を考慮してドローン（無人航空機）を採用した。GPS（全地球測位システム）を受信できないトンネル坑内でも安全に飛行できる特殊なドローンとライブストリーミング機能を活用し、掘削状況をリアルタイムで動画配信し、地層を把握した。

　この自律運行できる特殊なドローンは、安全管理にも役立てた。現場内を定期的に自動巡航させ、品質・工程・安全の向上につなげたのだ。さらに現場には、生産工場のようにウェブカメラを計44台配置。専属の安全管理責任者が、施工現場とは離れた場所に設けた安全支援室での確認に利用した。

現場内に設置したウェブカメラの映像。自律運行が可能な特殊ドローンは地質・地層の観察等に活用した（写真：右ページも鹿島）

2023年3月、着工からおよそ2年かけて超大断面の掘削を終えた。このときに開催された式典では、プロジェクトの関係者と喜びを分かち合った。ビッグプロジェクトの醍醐味である。

経験に基づく知恵と若手の発想力を融合

このような過去に類を見ない工事では、各方面の経験者・有識者と協力する総合的な対応力が欠かせない。発注者や大学教授らが参加した施工技術検討会のメンバーや、設計を担当した建設コンサルタント、当社設計本部のスタッフ、60人を超えるJV職員等、このプロジェクトに携わった技術者は数多い。

今後、離隔1mで同規模の断面積を掘削する難工事を控えている。待ち構える難題に対応する際には、JVに在籍する23人の若手職員の柔軟な発想が役立つはずだ。特に女性の土木技術者7人の存在は大きい。男性とは異なる視点で施工管理を行い、構造物を仕上げる。驚くほど簡単にICT（情報通信技術）を操る若手も多い。

世界に誇る日本の土木技術を駆使し、安全、かつ周辺環境への影響を最小限にプロジェクトを完遂する。それが私たちの使命だ。

工事に携わる女性の土木技術者7人

災害に対して強靭な国土をつくる
能登半島地震からの復旧支えた地域建設業の道路啓開

　2024年元日の午後4時10分、携帯電話からのけたたましい緊急地震速報のアラームとほぼ同時に、強い振れが襲った。「令和6年能登半島地震」である。

　七尾鹿島建設業協会（石川県七尾市）で会長を務める筆者は、行政と連携を取り発災の3時間後には主要幹線のパトロールを開始。発災翌日には災害対策本部を設置し、初動の応急作業に着手した。

　当協会がある中能登地域では、道路が崩壊して寸断されている箇所や土砂崩れ、亀裂、隆起等が至る所で発生した。そこでまずは、住民の安全確保のため、危険箇所に三角コーンやポール等を設置して注意を促した。さらに、行政からの要請に応える形で周辺地域と連携し、緊急車両が通行する幹線道路の応急復旧にも当たった。

「のと里山海道」横田IC付近の被災状況。2024年1月に撮影（写真：19ページまで七尾鹿島建設業協会）

災害対策本部の設置と軌を一にして、被災した住民の避難所への移動や住宅の修理、飲料水・食料・車両燃料の確保といった活動が本格的に始まった。そうした活動の支援と2次被害の防止のため、道路啓開活動にまい進した。

優先したのは、緊急性や啓開効果が大きい道路だ。加えて、啓開に数日を要する箇所よりも、小規模でも早期に効果が出る箇所を重視して進めた。大規模な箇所から交通量の少ない箇所まで、作業箇所数は24年3月末時点で合計1500カ所を超えた。

断水にも対応した。県内最大の河川である手取川から七尾市に至る県の水道施設の数カ所で漏水が発生し、七尾市の大部分で断水が生じたためだ。夜を徹した復旧作業を続けた結果、約1カ月で協会が担当するエリアの大部分を通水できた。

早い段階からの建設業の活動は、被災した多くの住民にとって生活基盤の確保につながっただけでなく、震災対応の幅広い活動を下支えした。

道路啓開作業の様子

被災した幹線道路の通行確保に尽力

　広域での応急活動には、幹線道路の通行確保が欠かせない。中能登地域には、加賀、富山地域と奥能登を結ぶ3本の幹線道路が通る。地震直後は3本全ての幹線道路が被災。何とか通行できるのは国道249号のみという事態に陥った。

　国道249号は通行できるとはいえ、法面の崩壊や大型構造物の損傷が多発。崩落で通行止めとなった箇所もある。周辺の市道や農道を迂回路として利用し、応急活動のための幹線道路として何とか運用を続けている状況だった。

　しかし、迂回路の市道や農道は構造が脆弱だ。自衛隊等の大型緊急用車両も通過する。国道249号の幹線道路としての機能回復は至上命題となった。

　恒常的な大渋滞の中で進める道路補修は困難を極めたものの、地道に仮復旧作業を続けた。その結果、地震発生から3週間目には、当協会エリア内の国道249号の全線対面通行を実現した。

　自動車専用道路の応急復旧にも取り組んだ。能登と加賀を結ぶ「のと里山海道」である。奥能登の復旧活動には欠かせない道路で、1日も早い道路啓開が求められていた。

国道249号の法面崩壊の復旧に当たる様子

のと里山海道の徳田大津 JCT付近が暫定応急開通した際の様子。撮影は2024年2月

　ところが被害は甚大で、山間地を中心に十数カ所で崩落等が発生していた。奥能登に向かう下り車線のみを暫定的に確保し、概略調査を終えた24年1月4日に作業を開始した。約1週間で徳田大津ジャンクション（JCT）から横田インターチェンジ（IC）間、1月末には横田 ICから別所岳サービスエリア（SA）までの作業が、それぞれおおむね完了。同年2月15日に横田 ICから越の原 IC間が開通した。

　今回開通したのと里山海道では、24年3月末時点でも奥能登へ向かう震災復旧支援の車列は長い。

　被災地では、一部の上下水道は復旧したものの、完全な復旧を待ち望む人はまだ多い（24年3月時点）。県内外に1次・2次避難している人も少なくない。被災家屋の処理もほとんど進んでいない状況だ。今回の応急活動で啓開した道路が活用されれば、能登半島地震の復旧活動は加速するはずだ。

　最後に自ら被災しながら、日夜、応急活動に携わった多くの建設業関係者に感謝の言葉を残したい。

災害に対して強靭な国土をつくる
災害現場へ駆けつけて自治体の復旧を支援するTEC-FORCE

国交省緊急災害対策派遣隊「テックフォース」による、能登半島地震の被災状況調査の様子（写真：23ページまで国土交通省）

2024年元日、能登半島で発生した「令和6年能登半島地震」。発災から2日後には、国土交通省緊急災害対策派遣隊「TEC-FORCE」が被災地に入った。

　TEC-FORCEとは、被災した地方公共団体等の災害対応を支援する国交省の職員から成る組織である。大規模自然災害が発生した際、地方公共団体等からの要請に基づいて出動する。被災状況の迅速な把握の他、被害の発生・拡大防止、被災地の早期復旧、その他の災害応急対策等に対して技術的に支援する。

　今回の能登半島地震では、被災状況調査のほか、道路・河川・港湾のインフラ復旧、給水支援、リエゾン(現地情報連絡員)による市町村支援を行ってきた。以降ではこのうち、石川県珠洲市の土砂災害警戒区域で砂防(土砂災害)被災状況調査を担当した調査班の活動内容について紹介する。

土砂災害の被災状況調査

調査班は活動初日に金沢市へ移動し、午後の会議で各班の担当を決めた。現地の状況把握がままならない中、翌朝5時に金沢市を出発して珠洲市へ向かった。奥能登に近付くにつれ、道路やその周辺からは深く刻まれた地震の爪痕を確認できた。あらゆる場所が被災し、通行は困難を極めた。調査班が午前10時30分に現地に到着して調査を始めたところ、大規模な斜面崩落が数多く見つかった。地震の凄まじいエネルギーを目の当たりにしたのだ。

　土砂災害警戒区域は、人が住んでいる箇所で指定される。調査中には多くの地元住民の声を聞いた。そうした会話を通じ、調査班のメンバー間で地域の日常を早く取り戻せるようにしっかり取り組もうと気持ちを固めた。

砂防（土砂災害）被災状況調査班の活動報告（資料：国土交通省）

効率的な被災状況の把握にドローン活用

　あらゆる場所が被災していたために、今回の活動では移動時間が非常に長くなった。そこで、ドローン（無人航空機）を活用して全体像を把握する等、事前に調査箇所の情報を整理し、効率化を進めた。こうしてまとめた被災状況調査の結果は、各被災自治体へ報告され、災害復旧等に役立つ資料となった。

　今回の能登半島地震で活動した国交省職員は、全国で合計2万5973人（24年5月時点）に上る。国交省は24年2月、能登復興事務所と能登港湾空港復興推進室を設置。国が権限代行等で実施する道路・河川・砂防・港湾・空港・上下水道の本格復旧を迅速に進めるべく、一丸となって取り組んでいる。

急傾斜地での被災状況調査

遠景から河道閉塞の状況を調査した

海岸部での斜面崩落部の確認状況

新たな橋梁点検システムで活用する橋梁点検支援ロボット（写真：27ページまでジビル調査設計）

災害に対して強靱な国土をつくる
若手技術者にも使いこなせるインフラ管理の新技術

　全国には約73万もの橋がある。映画等でも有名なレインボーブリッジから町内の水路に架かる名もなき橋まで、千差万別だ。こうした橋やトンネルといった道路インフラ施設の点検は、建設コンサルタントの重要な業務の1つだ。現在、全国の膨大な数の橋梁点検が、5年周期で進む。土木技術者が減少する環境下で、点検作業の効率化が不可欠になっている。

　この問題に対応すべく、筆者が勤務する建設コンサルタントのジビル調査設計が中心となって、新たな橋梁点検システムを開発した。橋梁点検支援ロボットによる撮影画像を基にした3D（3次元）モデルや、点検結果を効率的に管理するデータベース等を活用した技術だ。当社の入社1年目の社員2人と筆者が、共に業務へ当たった様子も含めて以下に紹介する。

技術名	従来手法 （点検員による近接目視）	新技術 （MCS点検）
技術概要	● 点検員が橋梁下に潜り込み近接目視 ● スケッチ、写真撮影による点検・診断	● 複数台のカメラを搭載した MCS を桁下に挿入して遠隔操作で画像撮影 ● 3Dモデルを作成して点検・診断を実施
作業性 安全性	● 無理な体勢での作業となるため、作業員の転倒等の危険性や身体的な負担を伴う	● 作業員は安全な箇所からの作業となり無理のない体勢での作業が可能
正確性	● 無理な体勢での作業で点検・記入漏れが発生しやすい ● 損傷写真が部分的になるため、状態の把握が難しくなる場合がある	● 3Dモデルで橋梁全体を俯瞰的に確認することが可能で点検漏れが減少 ● 3Dモデルから幅・長さ等の計測が可能 ● 任意位置のオルソー画像の作成が損傷位置を正確に記録することが可能
結果利用	● 点検調書にのみ利用可能	● 点検・補修設計図面・損傷数量の計上 ● 3Dモデルによる情報共有やオンライン会議

従来の点検手法と新技術 MCS（マルチ・カメラ・システム）の性能比較（資料：ジビル調査設計）

　開発したシステムは、橋長 3m・幅員 16 m・桁下高 1 m といった小規模なコンクリート橋で特に力を発揮する。全橋梁の 7 割近くを占めるとされる小規模橋梁では、狭い橋の下に点検員が潜り込んで直接、目視点検していた。建設業界でよく言われてきた 3 K（きつい・汚い・危険）の代表的な作業だ。点検員の肉体的な負担は大きく、点検・記入漏れが発生しやすい等、問題点も多かった。

　そこで当社では、2020 年より国土交通省の助成を受け、3D モデルを活用した点検支援技術の研究開発に着手。「MCS（マルチ・カメフ・システム）」の開発に成功した。

　MCS は、複数のカメラを搭載したクローラ式台車付きの自走ロボットを橋梁の桁下に進入させ、遠隔操作で画像を撮影する。この撮影画像を用いて橋梁全体を 3D モデル化し、点検・診断を行う。小規模橋梁における点検の安全性や正確性を向上させ、作業を効率化する。

現場での点検中の様子。左が従来の点検、右が新技術のMCSを用いた点検

若手点検員が約2時間で点検を完了

　MCSの具体的な導入効果について、高等専門学校で土木工学を学んだ当社若手社員の田中太樹氏と出向いた現場を例に紹介しよう。

　田中氏にはまず、従来手法で点検してもらった。若い力を持ってしても困難を極め、作業に4時間を要した。一方、MCSによる点検作業はスムーズに進み、約2時間で終わった。

　その後は事務所に戻り、撮影した画像を専用のソフトウエアに読み込ませて3Dモデルを自動作成。橋梁全体の損傷状況を確認した。損傷図は、AI（人工知能）ソフトの支援で自動作成できる。現場から調書作成までが、従来の半分程度の時間で完成した。

点検業務を初めて経験した田中氏は、「基本となる従来の方法と併せて新しい技術を吸収し、作業の効率化・省力化が図れる技術者になりたい」と言う。やりがいを感じてくれたようだ。

　橋梁の定期点検は、5年周期の2巡目が終わった。これまでに蓄積された点検データは膨大だ。今後、点検・補修の履歴をデータベース化し、活用していかなければならない。

　そこで当社は、「ITM（インフラ・トータル・メンテナンスシステム）」を独自開発した。地図上で1橋ごとの位置情報と管理履歴とを時系列で整理するデータベースシステムだ。

　ここで、もう1人の若手社員である井関理翔氏の出番だ。大学で情報工学を専攻した経験を生かし、ITMへ点検結果を入力してもらった。点検データが系統立てて整理されているため、土木が専門ではなくても理解しやすかったようだ。「橋の傷みの程度や進み具合といった膨大なデータを基に、橋の余寿命をAIで自動検出するようなシステム開発に挑戦してみたい」と、井関氏は今後の抱負を語る。

　技術開発がさらに高度化・複雑化していく中、多様な分野の技術者の協働が一段と求められる。次の時代を担う若手社員が新技術を積極的に活用することで、業界全体が新3K（給与が良い・休暇がとれる・希望がもてる）に変わっていくはずだ。

筆者と若手社員2人が現場から事務所に戻り、3Dモデルを活用して点検・診断をしている様子

ITM（インフラ・トータル・メンテナンスシステム）に点検結果を入力する若手社員と先輩社員

災害に対して強靭な国土をつくる
舗装工事DXが現場と働き方を変える

　国内の道路総延長は120万kmを超える。経済や物流を支える道路は、常時だけでなく、災害時にも緊急車両の通行を確保して緊急性の高い活動をサポートする。そのため、災害時に道路が損傷すれば、最優先で復旧を進めなければならない。その中心の1つとなるのが舗装工事だ。

　このような重要な役割を担うのが舗装工事業だが、就労者人口の減少や担い手となる若手技術者の不足が大きな問題となっている。こうした状況に対応するため、大成ロテックでは舗装工事におけるDX（デジタルトランスフォーメーション）を推進している。

　取り組みの1つが、アスファルトの品質管理システム「T-CIM／Asphalt」だ。アスファルト混合物材料を舗設する際に重要な温度管理に用いる。

アスファルトの品質管理システム「T-CIM／Asphalt」の概要（資料：右ページも大成ロテック）

T-CIM/Asphaltの特徴は、「出荷」から「舗設完了」までの作業工程ごとに、アスファルト混合物の温度を工事関係者間で共有できる点にある。ダンプトラックが積載する材料の温度を自動で取得でき、その温度情報は全てサーバーで管理する。

位置情報を取得する端末と併用すれば、ダンプトラックの運行状況も把握できる。運行のスマート化によって待機時間を削減できれば、二酸化炭素（CO_2）の排出量も減らせる。

①プラントで出荷情報を入力

②位置情報管理システム（Transeeker）を運搬車内に設置

③合材に熱電対を設置しシートを被せる

④プラントを出発

⑤運搬中の位置と温度をリアルタイムで確認

⑥転圧温度を測定，記録

T-CIM／Asphaltの活用方法

位置情報を取得し、ダンプトラックの運行状況を把握する

熟練オペレーターでなくても施工できる

　施工面でも、ICT（情報通信技術）を活用した建設機械の普及は目覚ましい。

　大成ロテックでも、ICT建機を活用して、丁張りが不要な施工を進めている。アスファルト混合物を敷きならすアスファルトフィニッシャのスクリードの高さを、3次元設計データとGNSS（全球測位衛星システム）から受信する位置情報に基づいて自動制御する。

　このMC（マシンコントロール）機能によって建機の制御が半自動化できるので、熟練のオペレーターでなくても施工が可能だ。2次元の図面を基に、現場に配置していた丁張りも不要になる。

ICT建機を活用した施工の様子（写真：左下も大成ロテック）

　国土交通省は2024年4月、建設システム全体の生産性向上を図る施策である「i-Construction 2.0」を公表。「現場のオートメーション化」を進め、40年度までに現場の生産性を1.5倍に拡大し、3割以上の省人化を達成する目標を掲げた。

　舗装工事は、建設業の中でも泥臭いイメージがあるかもしれない。しかし、DXによって働き方や工事の進め方は間違いなく変化している。今回紹介した技術も、自動化を目標に開発を加速させる。舗装工事の完全自動化が実現する時代は、そう遠くないはずだ。

災害に対して強靱な国土をつくる｜節についての論述

防災・減災と維持管理
蓄積された知見と新技術で激甚化する災害に挑む

　2024 年元日に発生した「令和 6 年能登半島地震」で、発災直後から復旧に動き始めた人々がいた。地元で建設業を営む、七尾鹿島建設業協会の協会員たちだ。被災した関係者もいる中、発災 3 時間後には幹線道路のパトロールを開始。翌日には応急作業に着手し、被災住民の避難所への移動や物資・燃料の輸送等を支援するため、道路啓開活動にまい進してきた。テレビ報道等ではほとんど取り上げられていないが、こうした建設関係者が復旧を支えている。

　国土交通省の緊急災害対策派遣隊「TEC-FORCE」も発災 2 日後には被災地入りした。被災状況調査の他、インフラ復旧、給水支援、リエゾンによる市町村支援等にあたった。被災地で活動した調査員は、24 年 5 月末時点で 2 万 5973 人に上る。

　多くの建設関係者が復旧・復興に携わる能登半島地震だが、決して特殊な災害ではない。筆者がかつて勤務していた国土交通省国土技術政策総合研究所が 21 年にまとめた「国総研 20 年史」によると、日本全国で毎年のように大規模な災害が発生しているのである。地震に加え、台風や豪雨災害も多発している。

　気候変動による水害の激甚化に備えて進められているのが「流域治水」だ。河川管理者である国や自治体の他、企業、住民等、流域のあらゆる関係者が連携して水害対策に取り組む。

流域治水の先進事例の1つとして、奈良県内に位置する大和川での取り組みを紹介した。大和川では40年以上前から、遊水地の整備、水害リスクに応じた土地利用規制と誘導、流域住民の理解度向上等、総合的に取り組んでいる。

　防災の観点から取り組みが進むのが、災害時に強い道路ネットワークの構築だ。急峻な地形を持つ我が国において、実現には橋梁とともにトンネルの整備が不可欠となる。

　例えば横浜市では、環状道路の整備において世界最大級の断面となるシールドトンネル工事が進行中である。道路の合流部においては、通常の2車線道路トンネルの6～7倍の断面積で掘削されている。

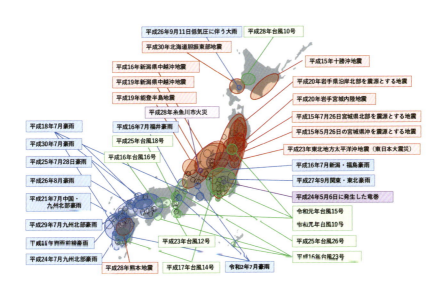

国土交通省国土技術政策総合研究所が「国総研20年史」で示した日本における主な災害・事故。国総研が発足した2001年から20年間で現地調査や復旧支援等を行った災害・事故をまとめた（資料：国土技術政策総合研究所）

急速に進む「道路橋の高齢化」に備える

　防災・減災を支える土木構造物は、人工構造物であるが故に老朽化は避けて通れない。日本の高齢化が急速に進んでいるのは周知のとおりであるが、道路橋の高齢化はそれ以上の速度で進行している。

　土木構造物の老朽化が改めて認識された出来事に、12年12月に発生した中央自動車道笹子トンネルの天井板崩落事故がある。この事故をきっかけに道路法が改正され、橋やトンネル等に対する5年毎の定期点検が始まった。

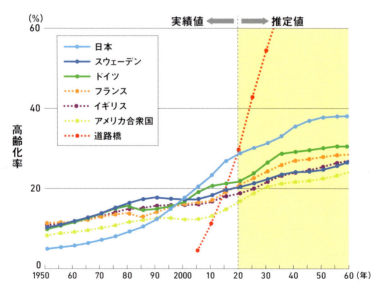

高齢化の国際的動向と道路橋の高齢化率（資料：内閣府の公表資料に筆者が加筆）

道路橋を点検する様子（写真：木村 嘉富）

　道路橋の定期点検は、外観で確認できるひび割れ等の変状から、構造体としての健全性を4段階に区分して評価する。点検者には一定の知識・技能が必要だ。遠望からの目視には限界があるため、近接目視が基本となる。構造形式や規模によっては、近接自体が困難な場合もある。

　そこで、建設コンサルタントであるジビル調査設計では、ロボットによる撮影画像を活用した新たな点検支援システムを開発。日本の橋梁の大部分を占める小規模なコンクリート橋の点検において、省力化・効率化を実現している。

　「舗装工事DX」として、大成ロテックでは機械制御の半自動化や品質管理のデジタル化による変革を進めている。

　日本列島では地震が頻発し、台風等が毎年襲い掛かる。しかし、先人たちのたゆまぬ努力により、多様な環境や文化が育まれてきた。これらを支える社会インフラは、最先端の技術と熱い思いを持った建設技術者が支えているのである。

カーボンニュートラルを実現する
多国籍チームで完遂した 国内初の商用大型洋上風力発電所

SEP船による風車の設置工事
(写真:秋田洋上風力発電)

2050年カーボンニュートラルの実現に向け、政府は再生可能エネルギーを最大限導入するという基本方針を掲げている。特に洋上風力発電は、再生可能エネルギーの主力電源化に向けた切り札とされる。大量導入や発電コストの低減が可能であるうえに、経済波及効果を期待できるためだ。

22年12月には、国内初となる商用大型洋上風力発電所が商業運転を開始した。このプロジェクトでは、秋田港と能代港の海底に基礎を打ち込む着床式の風車（発電能力4.2MW級）をそれぞれ13基、20基設置。合計発電容量は約140MWに上り、約13万世帯分の電力を発電できる。発電開始から20年間は、全量を東北電力ネットワークに売電する予定である。

事業を手掛けるのは、商社、電力会社、金融機関、建設会社など多種多様な企業が出資する特別目的会社の秋田洋上風力発電（能代市）だ。鹿島が住友電気工業とJV（共同企業体）を組み、基礎と海底ケーブルの工事を担った。

工事計画段階での第1の課題は、33基分の風車基礎鋼材（総重量約2.7万トン、最大板厚100mm）の調達だ。

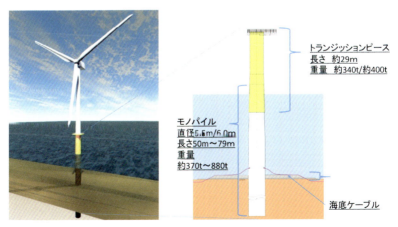

風車の基礎構造図（資料：鹿島）

当時、工期内に生産可能なメーカーは国内に存在せず、取引実績のない海外メーカーからの調達を迫られた。基礎鋼材の製作は、厚い鋼板の曲げ加工や多くの二次部材の設置といった高度な品質管理と、現場までの輸送を含めた納期の厳守が求められるため、同種工事で実績が豊富な欧州（オランダ・ベルギー）のメーカーに発注した。完成した基礎鋼材は、大型輸送船5隻をチャーターし、オランダ・ロッテルダム港から秋田港まで片道約40日を掛けて運んだ。

　もう1つの課題は、大型工事船の調達だ。最大重量が800トンを超える風車基礎を洋上で据え付ける能力が要る。これに対しては、洋上風力施設の工事経験が豊富な英国の専門事業者を選定して契約。専門事業者が所有する800トン吊級SEP船「ZARATAN」を国内法令に沿って日本船籍化した後、秋田まで回航して使用した。

24時間体制の基礎工事

　基礎工事は、24時間体制の連続作業で進めた。設置スピードは1週間に2基のペースだ。一方で、施工期間中は、近隣に対する騒音・振動に配慮して、早朝と夜間の風車基礎（モノパイル）のハンマー打設を停止。このほか、地元の漁業への影響を考慮して洋上作業期間を調整する等、地元の意向に配慮した施工に努めた。

SEP船による洋上風力着床式基礎（モノパイル）のハンマー打設状況。2021年5月20日に能代港で撮影（写真：次ページも鹿島）

工事期間中は、事業者が欧州式の技術管理や契約管理をスムーズに取り入れられるよう、図面をはじめとする契約書面で扱う言語を英語とした。鹿島は、これに合わせて多くの外国人エンジニアを採用。最盛期には10カ国以上の国籍のスタッフが集まり、国際色豊かな現場となった。

　国内初の大規模洋上風力発電工事であったため、本件では使用する多くの部材や専門技術者を海外に依存せざるを得なかった。ところが、工事の初期段階で新型コロナウイルスの影響が広がり、海外との往来が制限された。海外の専門業者との調整や海外で調達する部材の製造プロセスでの立ち会いができなくなったため、オンライン会議を最大限に活用して乗り越えた。

　さらに、工事の各段階でも様々な問題に直面したため、JVの所員一同、頭を悩ませる機会は多かったものの、若手の担当者が新しいアイデアを提案する場面も生まれた。こうした努力の結果、20年2月に始まった工事は当初の予定通り約3年間で完了した。

　今後も、多くの洋上風力発電施設の建設が計画されている。さらなる技術革新に挑み、カーボンニュートラルの実現に貢献したい。

秋田港洋上風力発電所

カーボンニュートラルを実現する
減災と再エネ活用の拡大を両立するハイブリッドダム

　甚大な自然災害をもたらす気候変動やカーボンニュートラルに対応するため、新たな運用を試行する「ハイブリッドダム」。国土交通省が2022年7月に打ち出した、治水機能の強化と水力発電の増強を両立させる取り組みだ。スーパーコンピューター等の活用によって精度が向上した気象予測を基に、天候に応じて貯水量を柔軟に運用する。

　例えば、洪水が予測される際には発電に充てる利水容量の一部を事前放流し、空いた容量を洪水調節に活用する。降雨がないと予測される際には治水容量を活用して貯水位を上げ、その分で発電を行う等、ダム運用の高度化を図る。

島根県雲南市の尾原ダム。2023年にハイブリッドダムのケーススタディーを実施した（写真：国土交通省）

気象予測の活用やダム運用の研究で脱炭素に貢献

　日本で初めて運転された商業用水力発電所は、京都市内にある蹴上発電所である。1891年のことだ。以降、大小様々な規模の水力発電施設が建設され、日本国内の電力供給を支えてきた。高度経済成長に伴う電力需要の急増に伴い、主要電源が火力に置き換わった現在でも、水力発電は国内電力供給の7～8％を占める。

　水力発電は、比較的安価な発電コストで安定した出力を長期にわたって維持できる脱炭素電源である。我が国がカーボンニュートラルを目指す上で欠かせない電源として、その価値が見直され、期待が高まっている。

　ダム運用の高度化では、降雨予測が幅を持って表示される「長時間アンサンブル降雨予測」を有効に活用する。政府主導の国家プロジェクトであるSIP第2期（2018年～22年）では、長時間アンブル降雨予測を用いることで、発電しながら効果的に事前放流する手法を開発。事前放流が5～7日程度前に実施できるようになった。従来は1～3日前にしか実施できなかった。

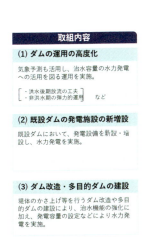
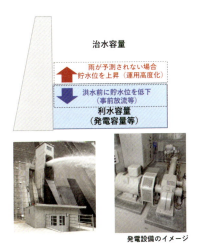

発電設備のイメージ

ハイブリッドダムの取り組み概要。国土交通省が主催する「気候変動に対応したダムの機能強化のあり方に関する懇談会」の第4回（2024年2月）資料で示された（資料：国土交通省）

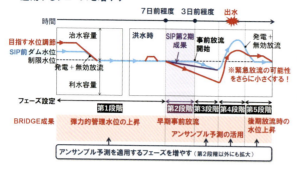

JICE REPORT45号（2024年7月）掲載の研究報告「長時間アンサンブル降雨予測を活用したハイブリッドダムの推進（遠藤武志ほか）」で示された長時間アンサンブル降雨予測の活用イメージ。洪水期のダム操作を5段階に分類した（資料：右ページも国土技術研究センター）

　23年にはさらに、長時間アンサンブル降雨予測の適用拡大を目標にして、多目的ダム、発電ダム、利水ダムといった適用先や適用するフェーズを増やすための国家プロジェクト（BRIDGE）も始まっている。ダム運用のルール整備も進む。

　現在、ダム操作の高度化に関する取り組みは事前放流のフェーズが中心であり、一部の先駆的なダムでは後期放流の段階で試行されている。具体的には、洪水期におけるダム操作を下記の5段階に分類し、段階ごとに長時間アンサンブル降雨予測の活用策を検討している。

- **第1段階、第2段階**：雨が降らない期間は水位を高く保つ。発電放流管を活用して緩やかに水位を低下させ、発電量を増大させる
- **第3段階**：さらに事前放流を増やし、治水効果を増大させる
- **第4段階**：緊急放流の可能性を抑える
- **第5段階**：一定期間は雨が降らないという予測を基に、水位をできるだけ高く保って発電量を増大させる

　24年4月には、ダムのハイブリッド技術の研究開発と社会実装を促進するための拠点も設置された。京都大学防災研究所を中心に、筆者が所属する総合建設コンサルタントのニュージェック（大阪市）も参加している。国家プロジェクトと連携しながら研究開発を推進し、若手技術者の育成にも取り組む。

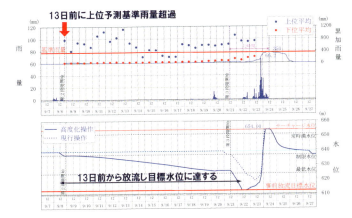

研究報告「長時間アンサンブル降雨予測を活用したハイブリッドダムの推進」で示されたシミュレーション結果の一部。第2段階において、長時間アンサンブル降雨予測を活用して早期の事前放流を開始することにより、貯水位をどこまで低下させることができるのか検証した。図に示す通り、現行操作ではダム貯水位は目標水位に到達せず、発電未利用放流となる。一方、長時間アンサンブル降雨予測を活用した高度化操作を行うと13日前から放流を開始でき、目標水位まで下げることに成功。さらに、発電放流管から放流を行うことで増電も可能となる

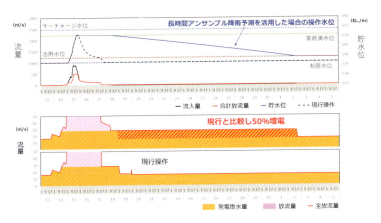

研究報告「長時間アンサンブル降雨予測を活用したハイブリッドダムの推進」で示された増電効果に関するシミュレーション結果の一部。第5段階において、長時間アンサンブル降雨予測によって洪水後しばらくの間、降雨が無いことを確認した場合、後期放流時のダムの貯水位を現行操作より高く維持できる。これによって、発電による取水量が約50%増加する効果を確認できた

　今後、高度運用を実装したダムで得られた知見を蓄積し、運用ルール等に展開していけば、多くのダムで運用の高度化が実現する。一連のダム運用に関するイノベーションは、カーボンニュートラルへ大きく貢献するはずだ。

カーボンニュートラルを実現する
CO_2 排出量をマイナスにする カーボンリサイクル・コンクリート

　温室効果ガスの排出量を2013年度比で46%削減する——。50年の「カーボンニュートラル」実現に向けた政府の30年度目標だ。これに向けて建設分野では、脱炭素コンクリートの技術開発が進む。主要な建設材料であるコンクリートは、その製造過程で1m³当たり260～300kgのCO_2を排出する。国内のコンクリート製造におけるCO_2総排出量は、年間約2500万トンに及ぶ。

　この課題に対し、大成建設は09年、いち早く技術開発に着手。CO_2排出量を抑えた「環境配慮コンクリート（T-eConcrete）」を複数の事案で実用化してきた。このうち、結合材として一般的なポルトランドセメントの使用量を"ゼロ"にした「セメント・ゼロ型」は、CO_2排出量を最大で80%削減できる。

　ポルトランドセメントの代わりに高炉スラグ微粉末を結合材として採用した。ただ、セメント分が減るとコンクリート内のアルカリ性が消失する中性化を招きやすくなり、コンクリート中の鉄筋の腐食が起こりやすくなる。中性化への抵抗性の改善や、セメントを減らすことで難しくなる早期強度の発現を改善する施策が必要だった。

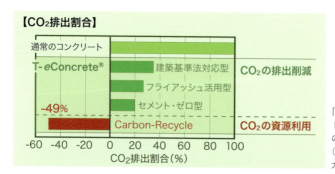

「環境配慮コンクリート T-eConcrete」のCO_2排出割合（資料：右ページも大成建設）

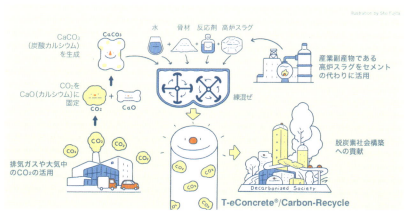

カーボンリサイクル・コンクリートの概要。二酸化炭素から製造した炭酸カルシウムの粉を混和材として使う

　こうした課題に対して、配合を検討する実験を試行錯誤で進めた。その結果、特定の混和剤の添加や配合設計上の工夫等によって、高炉セメントを用いたコンクリートと同程度の性能確保に成功した。

　ここからさらに発展させて、CO_2の大量固定とCO_2排出量の「ビヨンド・ゼロ」を目指して実用化を進めているのが、「カーボンリサイクル・コンクリート」だ。セメント・ゼロ型の技術と、排気ガスなどから回収したCO_2を固定化した炭酸カルシウムとを組み合わせた。

　弱アルカリ性の炭酸カルシウムの粉末を混合材として使い、強アルカリ性を持つ高炉スラグ主体の結合材で固化させる。普通のコンクリートのようにアルカリ性を維持できるのが特長だ。

　技術開発では、炭酸カルシウムの粉末を大量に混合しても、適切な施工性や硬化後の特性を得られるかがポイントになった。いくつもの検討を重ねた末に、開発に成功。通常のコンクリートと同等の性能を確保しつつ、CO_2排出量を実質ゼロ以下にするカーボンネガティブを達成している。

さらなる進化でカーボンニュートラルに貢献

　カーボンリサイクル・コンクリートは 21 年までに基礎的な研究開発を終え、同年に初めて当社施設へ適用した。これを皮切りに、多種多様な建設物へ適用してきた。

　今後の社会実装をさらに進めるには、課題もある。1つは、カーボンリサイクル・コンクリートに必要な材料の確保だ。CO_2 を固定化させた炭酸カルシウムは様々な企業が開発を進めているものの、市場にはごく少量しか流通していない。他の混和材のように経済性や環境性に優れたものが全国で十分に調達できる姿が望ましい。

カーボンリサイクル・コンクリートの適用事例。人道橋の基礎部材に採用した
（写真：次ページも大成建設）

普及の過程では、その原料となるカルシウムを含む産業廃棄物や副産物、排気ガス等からの CO_2 の調達・供給に関する循環型サプライチェーンの形成、JIS（日本産業規格）等の品質規格の制定が欠かせない。

　これらの課題を着実に解決していけば、カーボンリサイクル・コンクリートは適用実績を積み重ねられる。カーボンネガティブなコンクリートが普及すれば、50年のカーボンニュートラルの実現に向け、建設産業は大いに貢献できるはずだ。

カーボンリサイクル・コンクリートによる舗装。現場打ちも可能だ

カーボンリサイクル・コンクリートを使った公園内のベンチ

カーボンリサイクル・コンクリートの壁部材

カーボンニュートラルを実現する｜節についての論述

技術革新で脱炭素に貢献
建設イノベーションで地球温暖化を緩和

　二酸化炭素（CO_2）をはじめとする温暖化ガスがもたらす地球温暖化。文明や世界経済の発展とともに化石燃料への依存度が高まり、顕在化してきた。その対応として、「適応策」と「緩和策」の両方が必要になる。前者は、気温や海面の上昇、大雨や台風の規模の増大を想定してハード・ソフトの両面から災害に備える地球温暖化適応策だ。後者は、温暖化ガスの排出量の削減等に取り組む地球温暖化緩和策である。

　建設分野で取り組む「適応策」では、河川や海岸、港湾等を対象とする防災のためのハード整備で前提としてきた想定値の見直しが進む。例えば、大雨や洪水、高潮等の想定では、平均気温が2℃上昇した場合を想定。この前提で、防災やまちづくりの計画更新、ハード・ソフトの対策強化を進めている。

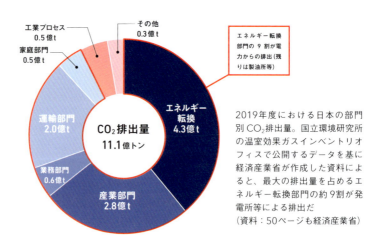

2019年度における日本の部門別CO_2排出量。国立環境研究所の温室効果ガスインベントリオフィスで公開するデータを基に経済産業省が作成した資料によると、最大の排出量を占めるエネルギー転換部門の約9割が発電所等による排出だ
（資料：50ページも経済産業省）

48

同時に、平均気温の上昇を抑えるための「緩和策」も重要だ。CO_2 の削減、いわゆるカーボンニュートラルに粘り強く取り組んでいくことが人類に課せられた使命である。

発電のカーボンニュートラル

カーボンニュートラルを実現する手段は数多い。なかでも、化石燃料に頼らない再生可能エネルギーを用いた発電は重要だ。日本の CO_2 排出量の約 35％ を発電が占めるからだ。

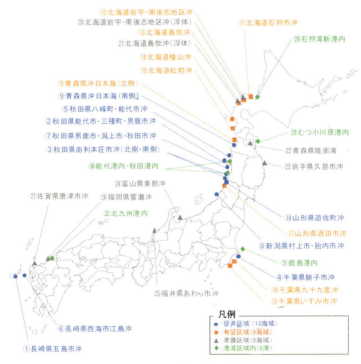

2024年5月時点の洋上風力発電に係る促進区域等の位置図
（資料：経済産業省・国土交通省）

資源エネルギー庁が「2050年カーボンニュートラル達成に向けた水力発電活用拡大の方向性 Ver.1.0」（2023年10月）で示した電源種別発電電力量と水力発電の割合

　再生可能エネルギーに関連した建設分野の取り組みとしては、洋上風力発電の新設がある。陸上に比べて洋上には大きな風車を設置しやすい。洋上は風況も良く、より安定的、効率的に発電できる。そのため、洋上風力発電は世界的な導入と普及が進んでいる。

　島国である日本でも、今後再生可能エネルギーを拡大するための切り札として期待されている。2019年に領海内に洋上風力発電を導入するための必要なルールを定めた法律（再エネ海域利用法）が施行されたことをきっかけに、全国で多くの整備計画が動き出している。

　日本の急峻な地形は、水力発電のポテンシャル（大きな包蔵水力）を高めている。降水量が多い日本にとっては、有利な再生可能エネルギーである。ダムによる水力発電の高度利用が有効な施策だ。

水の位置エネルギーで発電機を回すシンプルなシステムなので、発電の立ち上がりが早い。気候や天候の影響を受けて発電量が変化する太陽光発電等との組み合わせは、相性も良い。

近年、ビッグデータを扱った気象・降雨予測技術が急速に発展している。予測データの上手な活用によって、同じダムでもより多くの発電が可能となってきた。

建設工事のカーボンニュートラル

建設分野で多用される材料がコンクリートだ。このコンクリートに使用するセメントは製造段階で多くのCO_2を排出する。セメントに関連したCO_2の削減は、土木・建築工事におけるカーボンニュートラルで重要な視点となる。

現在は、製造段階でCO_2の排出量が少ない製品が登場している。CO_2を吸着した材料を使って、コンクリートを使うほどCO_2の固定が進む「カーボンネガティブ」なコンクリートも実用できるレベルにある。

国が発注者となるケースでは、建設機械やコンクリート以外の材料を含めて、工事段階のCO_2排出量削減に積極的に取り組むカーボンニュートラル工事が試行されている。建設工事のイノベーションも着実に進んでいる。

社会経済活動の基盤を強化する
東海環状自動車道の整備が示す広域道路ネットワークの重要性

　自動車産業をはじめとするものづくりの中心地として、日本経済をけん引する愛知県。県とその周辺がさらなる発展を遂げるために、「広域道路ネットワーク」の重要性が増している。

　県内には、トヨタ自動車の本社がある豊田市を中心に、生産拠点が集積する。中部国際空港や名古屋港の他、完成自動車の国際海上輸送の拠点となる三河港、重要港湾に位置付けられる衣浦港等、国内外を結ぶ物流拠点が集中している。

　道路ネットワークの基幹としてまず挙げられるのは、首都圏と近畿圏を結ぶ大動脈である東名・名神高速道路と新東名・新名神高速道路だ。愛知県とその周辺ではさらに、名古屋第二環状自動車道や東海環状自動車道、東海北陸自動車道等が整備されてきた。

国際拠点空港である中部国際空港。南西側から空港島全体を望む
（写真：中部国際空港）

名古屋港。北側から全景を望む。貿易黒字額が約8兆円と26年連続で日本一を記録している
（写真：名古屋港管理組合）

国土交通省岐阜国道事務所の「2024年度事業概要」で示した、東海環状自動車道の概要
（資料：次ページも国土交通省）

こうした生産拠点と陸・海・空の物流拠点とを結ぶ広域道路ネットワークが、愛知県の経済基盤を支えている。ここでは、東海環状自動車道の整備を例に挙げ、その効果を解説する。

東海環状自動車道の豊田東JCT付近
（写真：55ページ2点も国土交通省）

輸送圏が広がり60社の関連企業が立地

東海環状自動車道は、豊田市を起点とした高規格道路だ。岐阜県を経由して三重県四日市市に至り、延長は約153kmに及ぶ。

愛知県内の区間を含む東回り区間は、2005年の中部国際空港の開港や愛・地球博（愛知万博）の開幕に併せて整備した。同年3月、豊田東ジャンクション（JCT）から美濃関JCTまでの区間が開通している。その後、美濃関JCTから関広見インターチェンジ（IC）までの区間が開通。24年3月現在、西回り区間と合わせて全体の約7割となる110kmが開通済みだ（暫定2車線区間を含む）。

東海環状自動車道・東回り区間の開通がもたらした主な効果を2つ紹介する。1つは、交通量の変化だ。環状道路の整備は、都心部を通過する交通量の分散や、非常時における迂回誘導といった効果をもたらす。東海環状自動車道・東回り区間の開通によって交通量が分散した結果、東名高速道路（豊田IC～東名三好IC間）の交通量は約2割減少。渋滞回数や交通事故件数の減少につながった。

　もう1つは、産業の活性化や効率化、国際競争力の強化だ。例えば、岐阜・三重の沿線地域から豊田市等にある自動車組み立て工場までの運搬時間が短縮した。輸送圏が広がり、沿線には新たに約60社の自動車関連企業が立地するに至った。

　さらに伊勢湾岸自動車道を介し、豊田市をはじめとする生産拠点と名古屋港が直結する格好になった。ロスの少ない陸海一貫輸送が可能になり、産業・物流の効率化と国際競争力の強化に貢献している。

東海環状自動車道沿線の工業団地に立地する自動車関連企業数と、その変化。「国土交通省関係補正予算の配分について」（2023年度）で示した

全線開通で期待される中京圏・国内経済への貢献

　現在、早期全線開通を目指して東海環状自動車道の残り区間の工事が進む。また、土岐JCTから可児御嵩IC付近の区間では、暫定2車線区間の4車線化も着手済みだ。全線開通すれば、中京圏の広域道路ネットワークは飛躍的に進化する。経済に与えるインパクトは50年間で推計約27兆円に達する。地域のさらなる発展に貢献しそうだ。

　愛知県内では、本路線以外にも、西知多道路や名岐道路等名古屋都市圏の広域道路の整備を強力に推進している。持続可能で質の高い広域道路ネットワークの形成によって、さらなる経済成長や国際競争力の強化を目指す。

東海環状自動車道・西回り区間の整備状況。
北勢IC〜大安IC

岐阜IC

愛知県の広域道路
ネットワーク計画図
（資料：愛知県）

社会経済活動の基盤を強化する
フィリピン・セブ都市圏の発展を支え、橋梁技術を高めたODA支援

　フィリピンは、エメラルドグリーンの海に囲まれた7000を超える島々が点在する風光明媚(めいび)で自然に恵まれた国だ。他方、地震や台風、洪水等の自然災害に見舞われることが多い。日本はこれまで、政府開発援助（ODA）を通じ、災害復旧や道路橋梁整備といったインフラ整備等の支援を進めてきた。その効果もあり、フィリピンは目覚ましい経済発展を遂げており、間もなく中進国入りが見込まれている。

　最も代表的なODAインフラ支援の事例は、北部のルソン島から南部のミンダナオ島まで、島々を南北に縦断する日比友好道路だ。本道路は、戦後賠償で両国の友好の象徴として整備された。現在まで地域住民に親しまれる重要な幹線道路として、国の経済発展を支えている。

フィリピン・セブ島の夕日（写真：59ページまで大日本ダイヤコンサルタント）

この道路が1979年に開通してから、日本は継続して数多くの道路橋梁の建設支援を実現しており、特に地域への整備効果の大きい島嶼間連結のため、日本の高度な長大橋設計・建設技術が数多く活用されている。

　フィリピン第2の経済圏であるセブ都市圏は、セブ島と隣接するマクタン島で構成されている。地域経済発展のために狭隘な水道をまたぐ長大橋建設が最重要課題であった。日本はODAでのインフラ支援として、72年に第1マクタン橋（マンダウエ・マクタン橋）を建設し、初めて2島間を結んだ。

CHAP. 1　安心して暮らせる国土をつくる

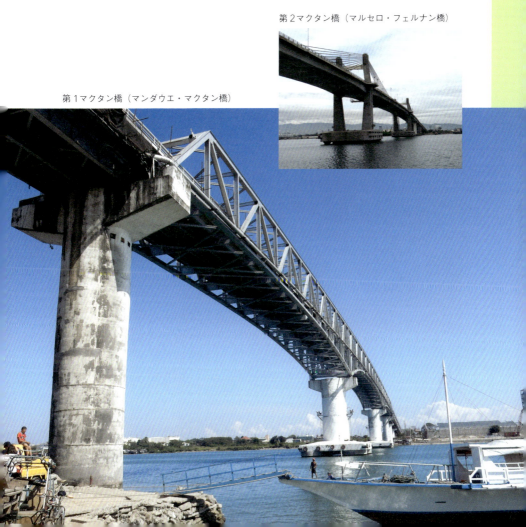

第2マクタン橋（マルセロ・フェルナン橋）

第1マクタン橋（マンダウエ・マクタン橋）

その後、99年に第2マクタン橋（マルセロ・フェルナン橋）を建設。さらに、2022年にはフィリピン政府が民間と連携して第3マクタン橋（セブコルドバ）を有料道路として開通させた。

　その後もセブ都市圏の発展と共に、多くの企業の社屋や住宅が林立して交通渋滞が激化したセブ島と、国際空港や工業団地があるマクタン島とを結ぶため、現在、日本のODAで第4マクタン橋の整備が進行中だ。これら橋梁の建設は、セブ都市圏の発展に多大な貢献をもたらしている。

日本の維持管理技術をフィリピンに伝承

　日本のODA支援は道路橋梁の維持管理にも及ぶ。フィリピン政府における所管は、公共事業道路省（DPWH：Department of Public Works and Highways）であるが、技術力と維持管理予算の不足から、長く十分な補修工事を実施できていなかった。

　かつてODA支援によって整備された橋梁の多くが建設後50年以上経過し、老朽化や劣化が進んでいる。適正な維持管理の実施が喫緊の課題となっていたのだ。

橋梁点検の
実地研修の様子

橋梁補修について
解説している様子

　こうした課題に対し、日本は、長期にわたって技術協力プロジェクトを実施してきた。DPWHの技術者の能力向上を図り、フィリピンの道路橋梁の建設・維持管理技術をレベルアップさせるためだ。日本の優れた維持管理技術をDPWHの技術者に伝えてきた結果、DPWHは現在、道路および様々なタイプの橋梁の点検や補修等の維持管理を自ら実施できるようになっている。

　フィリピンのインフラの建設・維持管理に大きく貢献してきた歴史を踏まえ、今後も二国間協力において戦略的パートナーシップをさらに強化していくことが大切だ。

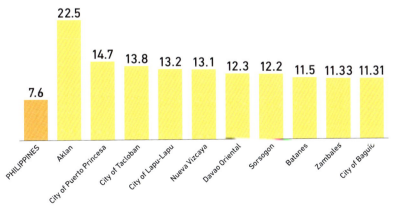

フィリピン国内における地方自治体1人当たりのGDP成長率トップテン（フィリピン統計機構による2022年調査）。マクタン島のラプラプ市が第4位になっている

CHAP. 1 安心して暮らせる国土をつくる

社会経済活動の基盤を強化する
ラピダス進出の北海道で未来を拓く「道央圏連絡道路」

　次世代半導体の量産を目指すRapidus(ラピダス)が北海道千歳市に工場を建設する――。2023年2月に発表されたラピダス進出のニュースは、北海道経済の未来に大きな期待をもたらしている。

　1次産業や観光では日本をけん引する北海道だが、製造業の分野では、人口密度の低さや大都市圏からの距離の遠さといったハンディキャップを背負っていた。

　ラピダスの進出は、そうした北海道の産業構造に変革をもたらす可能性を秘めている。この出来事を契機に事業価値を大きく高めているのが、国道337号「道央圏連絡道路」である。千歳市から小樽市に至る約80kmの高規格道路で、新千歳空港、苫小牧港、石狩湾新港、小樽港にアクセスするとともに、道東自動車道、道央自動車道、札樽自動車道と接続する。南北から整備・供用が進み、現在は残る22kmで工事が進められている。

新千歳空港の近傍を走る道央圏連絡道路
(写真：62ページまで国土交通省)

道央の諸都市を半環状に結ぶ道央圏連絡道路は、札幌・千歳間の渋滞緩和や農産品の物流強化を目的とする事業である。既に供用を開始した区間では、大型車の交通量が1日当たり1万台を超えた。16年の当別バイパス区間の整備以降、石狩湾新港の外貿取扱量は5倍以上に増える等、物流道路としての効果を発揮している。

　さらにラピダスの工場建設が決まった。同工場に関連する物流はもとより、沿道地域における関連企業の立地促進、従業者の居住地提供といった機運が高まり、道央圏連絡道路に大きな期待が寄せられている。

　ラピダスの事業は、国の経済安全保障の柱となるだけでなく、地域経済の反転活性化に向けた期待も担う。それを支える道路をつくることは、エンジニアにとって、責任とやりがいの大きな仕事だ。事業を担う国土交通省北海道開発局の担当者は、「軟弱地盤への対応やマイナス10℃を下回る厳しい冬の施工には苦労が多いが、開通の瞬間に努力が報われるやりがいのある仕事。高規格道路が地域の人流・物流を支えていると強く胸に刻み、チーム一丸となって事業を進めていきたい」と意気込んでいる。

道央圏連絡道路の整備効果の概要。新千歳空港、苫小牧港、石狩湾新港、小樽港を結ぶ物流道路として機能している（資料：国土交通省）

2024年度内の開通を目指している中樹林道路

長沼南幌道路の施工（軟弱地盤対策）状況

中樹林道路の施工中の様子。冬季の現場では気温がマイナス10℃を下回ることもある

　まずは、北側の「中樹林道路」7.3kmを24年度内に供用する。残る14.6kmの「長沼南幌道路」は、泥炭質の軟弱地盤対策に苦労しながらも工事を全面展開している。

　ラピダスが掲げるスケジュールは「2027年に量産製造開始」である。厳しい状況の中、現場ではICT（情報通信技術）のフル活用等で効率化を図りながら、早期の全線供用に向けて奮闘している。

日本のシリコンバレーをインフラで支える

　ラピダスの小池淳義社長が提唱する「北海道バレー」構想の対象エリアは、道央圏連絡道路のルートと一致する。同ルートの南北両地域では、大規模データセンター（DC）の建設が真っただ中だ。石狩地域では風力発電の開発が進む。苫小牧地域は国際海底通信ケーブルの陸揚地となる。

　今後、苫小牧から札幌、石狩に抜ける一帯は、ラピダスを核とする半導体関連企業や研究・教育機関が多数立地し、AI（人工知能）をはじめとする成長産業の集積地として発展する。その軸となるのが道央圏連絡道路にほかならない。動き出した北海道の未来をインフラの力で支える。

「北海道バレー」構想の概要。石狩と苫小牧を結ぶエリアにDX（デジタルトランスフォーメーション）、GX（グリーントランスフォーメーション）産業の集積を図る。さくらインターネットの石狩DCは2011年に竣工しており、石狩湾新港洋上風力発電所は24年1月から商業発電を開始した。ソフトバンクの苫小牧DCは24年度に着工する見込みだ（資料：各社提供のイメージ図を基に国土交通省が作成）

社会経済活動の基盤を強化する｜節についての論述

道路基盤が担う経済活性化
立地競争力を左右する基盤ネットワークの柔軟性と安全性

　国際化が進展する中、日本が稼ぐ力を発揮して厳しい競争に打ち勝つには、国際的な立地競争力の強化が重要である。

　グローバルに広がるサプライチェーンを前提に競争力を強化するなら、海外との交易の窓口となる港湾や空港といった物流拠点と生産拠点とを、極力シームレスに接続する必要がある。加えて、災害や疫病、国際紛争といったリスクに備え、リダンダンシー（冗長性）を確保しつつ、状況変化にフレキシブルに対応できる社会システムを構築しなければならない。

国際競争力を高める道路ネットワーク

　我が国の輸出額のトップを誇るのは自動車産業だ。筆者は約30年前、その中心地である愛知県の道路整備に携わっていた。当時の名古屋圏の道路事情は劣悪で、渋滞が常態化していた。

　メーカーの工場では、製造コストを削減するために在庫を極力減らし、爪に火を点すような努力を続けていた。にもかかわらず、工場から一歩出た途端、トラックに積まれた部品や完成車が渋滞に巻き込まれて工場外に在庫を抱える羽目になる。効率と非効率の落差を目の当たりにし、愕然とした。

名古屋港（写真：国土交通省）

熊本でも半導体産業の立地が急速に進んでおり、これにあわせて道路ネットワークの整備が加速されている
(資料：国土交通省)

　こうした状況を受け、愛知県では行政のみならず経済界を含む多くの関係者が汗を流し、現在の基盤ネットワーク整備につなげた。東海環状自動車道をはじめ、空港・港湾の整備が実現し、産業の活性化や国際競争力の強化が図られた。

道路基盤が経済安全保障も支える

　国際競争力の強化と併せて重要なのが経済安全保障の確保である。この観点から、浮沈を繰り返す国内半導体産業の分野では、国内生産拠点の整備や研究開発に対して政府が支援を進めている。半導体の量産を目指して日本国内に生産拠点を整備するRapidus（ラピダス）への支援はその代表例だ。

　ラピダスが開発に取り組む次世代半導体は、生成AI（人工知能）や自動運転など日本全体の産業競争力の行方を占うキーテクノロジーとみなされている。

　ラピダスの生産拠点や大規模なデータセンターの建設が進むのが、道央圏連絡道路の周辺だ。これに牽引されて、この道路周辺に様々な施設整備の動きがある。データセンターはデータの安全保障に欠かせない。半導体工場だけでなく、データセンター等も国内に持つ必要がある。道路ネットワークの形成は、地域経済の活性化と国の経済安全保障を支える鍵になっている。

経済安全保障は、友好国との緊密な連携によって築かれる。例えば、我が国とフィリピンは、ODA（政府開発援助）に基づく道路橋整備をはじめ、経済的な協力関係を築いていた。近年では、基本的な価値観や戦略的利益を共有する両国の「戦略的パートナーシップ」の構築に至り、その関係は深化している。経済だけでなく、政治・安全保障分野での協力関係も強めつつあるのだ。長年の経済協力での関係が信頼感を醸成し、こうした連携が実現した。

　今回、「社会経済活動の基盤を強化する」で紹介した事例以外にも、全国各地での経済発展を支えるための交通基盤整備が進んでいる。国土交通省はさらに、2050年に「世界一、賢く・安全で・持続可能な基盤ネットワークシステム（WISENET）」を実現するという目標を掲げる。我が国の経済が成長に向かい、安全で活力ある国土を形成するための取り組みだ。将来の成果が大いに期待される。

「世界一、賢く・安全で・持続可能な基盤ネットワークシステム（WISENET）」のコンセプト。WISENETは、World-class Infrastructure with 3S（Smart, Safe, Sustainable）Empowered NETworkの略
（資料：右も国土交通省）

WISENETの中でも特に注目される「自動物流道路」のイメージ。人が荷物を運ぶという概念から脱し、人は荷物を管理し、荷物そのものが自動で輸送される仕組みに変える。国は道路空間をフル活用し、クリーンエネルギーによる自動物流道路の構築に向けた検討を始めた

CHAP. 2

どこでも暮らせる国土をつくる

地方創生を進める

p68 市営バス再生で"超クルマ社会"に風穴
元 栃木県小山市 都市整備部 淺見知秀

p72 地域食文化の活力が能登半島地震の復興の灯に
能登井事業協同組合 理事長 日向文恵及び組合員一同

p76 ジャパネットが挑む「長崎スタジアムシティ」
リージョナルクリエーション長崎 執行役員 折目裕

p80 [節についての論述]
多様性消滅の危機回避に向け地域価値を生かすための貢献
建設未来研究会

新しい業態に挑む

p84 復興、再エネ、地域インフラ再生、業態を拡大する建設会社
深松組 代表取締役社長 深松努

p88 地場ゼネコンを起点に好循環を　静岡・三島の「イノベーションまちづくり」
加和太建設 代表取締役 河田亮一

p92 現場と働き方を変える新職域「建設ディレクター」の活躍
建設ディレクター協会 理事長 新井恭子

p96 "国内初のコンセッション"で脱請負、事業者として社会課題の解決も
前田建設工業

p100 [節についての論述]
社会変化に適応して事業変革で業界の魅力高める
建設未来研究会

DXを使いこなす

p104 建機の自動運転を核に現場を工場化する施工システム
鹿島 技術研究所プリンシパルリサーチャー 三浦悟

p108 建設3Dプリンター製の土木構造物、公共工事のあちこちで実現へ
日経クロステック／日経コンストラクション 眞鍋政彦（初出：日経コンストラクション 2022年5月号）

p112 秘境の現場で未来志向の遠隔復旧工事
ライター 氏家 加奈子（初出：日経コンストラクション 2022年6月号）

p116 超高齢化が進む豪雪地域で"生活の足"を自動運転で確保
日本工営 仙台支店 交通都市部 部長 石川正樹

p120 [節についての論述]
デジタル技術を上手に使い生産性を高め現場を変革
建設未来研究会

社会の変化に適応する

p124 障がいのある人が建設会社で働くという選択肢
清水建設 コーポレート企画室 DE&I推進部 主査 田中幸恵

p128 空間を超えて職人の技を
大林組 技術本部本部長室知的財産戦略部 主任 江沢迪和

p132 建設業界に欠かせない戦力　外国籍人材の育成が自社の成長に
建設技能人材機構

p136 [節についての論述]
多様な人材が活躍できる環境と新技術開発で担い手確保へ
建設未来研究会

地方創生を進める
市営バス再生で"超クルマ社会"に風穴

　「うちのまちはクルマ社会だから」。そう言って諦めて、クルマを運転できない人たちの移動の自由を疎かにしていないだろうか。栃木県小山市では近年、「クルマなしでも誰もが自由に移動できるまち」を目指して市営バスの活性化に乗り出し、成果を上げている。

　小山市はもともと、超クルマ社会なエリアだ。市民の移動手段の69％がクルマで、バスはたったの0.3％にとどまる（2018年調査）。かつて市内を走っていた民間の路線バスは、マイカーの普及とともに利用者が減り、08年に撤退。小山市内のバスは、市営のコミュニティバス「おーバス」のみとなった。

　ただし、どの路線も1時間に1本あればいいほうで、決して便利とはいえなかった。その上、まちの人からは「バスってダサい」「お年寄りが頼るもの」と思われていた。

栃木県小山市が目指す「クルマなしでも誰もが自由に移動できるまち」のイメージ
（イラスト：@shiorin_grp）

そんな逆風下で、市営バスの活性化プロジェクトがスタートした。足がかりは国の交付金だった。冒頭のような思いを込め、小山市は市営バスの改善案を国に提出。18年8月に採択され、念願のプロジェクトが動き出した。

　まずは、普段はバスに乗らない市民にバスの存在を知ってもらわなければならない。小山市・大学・デザイナー等が集まる作戦会議で、おーバスが走る全線で乗り放題が可能な定期券の導入にチャレンジすると決めた。

　役所内からは当然、減収リスクを危惧する意見が出た。そこで、当初は1年限定の販売とし、その収入を基に販売を継続するか否かを判断することで事業を進める運びとなった。

　19年10月には「安さ」と「全線」にこだわった新たな定期券「noroca」の導入が実現。バスに"乗ろうか"と"ノロノロ"走るをかけた名称だ。計画通り全線乗り放題。価格は最大で従来の定期券の7割引とした。反応は良好で、収入は減少どころか増収となり、利用者も増加。期間限定で終わらせず、永続的に販売する定期券として認められるに至った。

市営コミュニティバス「おーバス」の新サービスとして導入した定期券「noroca」。デザインはAYA DESIGN OFFICEの斎藤綾氏が手掛けた（資料：小山市の資料を基に筆者が作成）

24年4月時点で、定期券の所有者数はnoroca導入前の約9倍となる1051人に達した。学生定期券の所有者数も、同約30倍の434人に増えた。バス利用者の世代が広がり、まちなかでバスを待つ若者が目立つようになった。まちに活気が出てきたのだ。

独自の情報誌でバスのある生活をアピール

　バス自体のイメージ刷新とそのプロモーションにも努めた。移動手段にバスという選択肢を持たなかった層にバスへの興味を持ってもらうための第一歩として、情報誌「Bloom!」を創刊。中心となるまちの情報に、バスの路線図や時刻表を溶け込ませた。

　例えば創刊号では、暮らしに寄り添う魅力的なスポットを紹介しながら、バスの路線図を掲載。続く第2号では、バスを使った1日の生活を考えてもらう特集を組み、時刻表を付録とした。

情報誌「Bloom!」の一例。クリエイティブディレクターはテーブルの片桐暁氏が務め、表紙などのデザインにもこだわっている（写真：斎藤 綾）

JR小山駅前で、2020年開業のおーバス新路線「ハーヴェストウォーク線」への乗車を待っている若者たち（写真：淺見 知秀）

70

小山市コミュニティバス「おーバス」利用促進プロジェクトは、2020年度グッドデザイン賞を受賞している（資料：グッドデザイン賞応募資料から抜粋）

　いずれの号にも感想や意見を投函するための手紙を付け、寄せられた声には市の担当者が誌面上で丁寧に回答した。Bloom! を発行するたびに手紙やメールが寄せられており、反響は大きい。バスの認知度向上と利用者増につながっている。20年度には、地域公共交通活性化プロジェクトとしてグッドデザイン賞も受賞している。

　小山市では、ここ7年間で3路線の新設、13路線の増便や車両の大型化を実現し、市営バスの利用者数は増え続けている。市の年度予算も、15年度の1億円から24年度は約2億円に倍増した。小山市では現在、バスをもっと便利にしようという機運が高まっている。

地域公共交通計画に位置付けた目標値

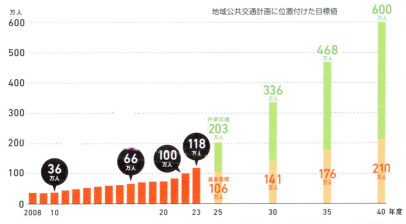

バス利用者は増加基調にある。市の地域公共交通計画では、基本目標と発展目標の2つを目標値に掲げ、バスサービスの改善を続けている（資料：小山市の資料を基に筆者が作成）

地方創生を進める
地域食文化の活力が
能登半島地震の復興の灯に

「能登丼」と地震からの復興は切っても切れない関係にある。

能登丼とは地域の名物料理だ。石川県・奥能登産の水と米(コシヒカリ)、肉、野菜等の食材、輪島塗に代表される能登産の器や箸を使用し、奥能登の地域内で調理・提供する。

開発のきっかけは、2007年3月の能登半島地震だ。震災からの復興と過疎化・高齢化が進む奥能登地域の活性化を目的とし、奥能登2市2町(輪島市・珠洲市・穴水町・能登町)や県、奥能登の民間事業者、地域づくり団体等で構成する「奥能登ウェルカムプロジェクト推進協議会」が同年5月に発足した。

「能登丼」の一例。輪島塗をはじめ、能登を感じさせる箸を飲食客へプレゼントする例もある
(写真:75ページまで能登丼事業協同組合)

協議会では奥能登の活性化に向けて、「食」「風景」「体験」を軸とした企画を検討。産業振興や観光振興を図る目的で、同年12月に奥能登の豊かな食文化を新たな地域ブランドとするための能登丼が誕生した。

「能登丼」の知名度向上と定着を図るため、全国のご当地丼を一堂に集めた第1回「全国丼サミット」を石川県で開催。その後、10年には活動の自立を目指し、地元事業者による能登丼事業協同組合を設立した。

以降は、団体ツアー向けの「能登丼弁当」の開発や、コンビニと連携した商品開発による販促活動、地域起こし団体と連携した「全国丼サミット」の地元開催をはじめ、様々な普及活動を行ってきた。

これらの活動により、組合に加盟する42店舗の合計販売売上高は、07年の取り組み開始当初と比べて、15年に約2倍に増加。奥能登地域の観光振興に大きく貢献した。

「能登丼」消滅の危機に北陸新幹線延伸

様々な事業者と連携しながら着実に活動を続けていた最中に発生したのが、24年元日の「令和6年能登半島地震」だ。観光産業は宿泊業のみならず、地域の農林水産業や飲食業、交通事業、製造業等、多様な産業と密接に関連する。24年の能登半島地震は、地域経済にも大きな打撃を与えた。

発災当初は、地震に伴う火災で建物が全焼した結果、再建を断念する店舗が続出。避難所で提供される弁当づくりに携わっていたために、再開どころではなくなった店も少なくなかった。24年2月29日時点で、営業できているのは2店舗のみという状況に陥り、能登丼は消滅の危機に瀕していた。

能登丼を提供する能登丼事業協同組合の加盟店舗。2024年元日の能登半島地震で発生した大規模火災で店舗が全焼した

　窮地を救ったのが、北陸新幹線の金沢―敦賀間の開業だ。福井駅前に開業した再開発ビルのフードホール「MINIE(ミニエ)」からの引き合いを受け、組合として出店を決めた。これを能登丼の魅力を再発信する好機と捉え、例えば1カ月交代で組合に加盟する店舗が営業すれば、来店者に様々な能登の味を楽しんでもらえる。

　フードホールの店舗を交代で営業する店に加え、能登に残って1日も早い営業再開を目指す店もある。そうした全ての店主の頑張りが実を結び、24年6月末時点で22店舗が営業再開にこぎ着けた。

　能登丼は過去にも、消滅の危機を乗り越えた経験を持つ。新型コロナウイルスの感染が拡大した折だ。来店客の減少やツアー客を対象とした商品のキャンセルが相次ぎ、厳しい運営状況となった。

福井駅前フードホール「ミニエ」に出店する「能登丼食堂」(上の2点)と能登丼

　このときは、能登丼事業協同組合が巣ごもり需要に着目。自宅で能登丼を楽しめるレトルト食品の開発に取り組んだ。

　能登丼事業協同組合は、先駆けてレトルト食品を展開していた当時の協同組合理事長をはじめ、地元関係者を巻き込みながら、2年間に全12種類の「能登丼レトルト」を完成させた。困難な状況を組合員が一丸となって乗り越えたのだ。

　能登半島の復興を考えるうえで、観光業の復興は不可欠だ。その要となる「能登丼の灯」を消してはならない。能登のインフラ構造物だけでなく、07年の能登半島地震をきっかけに立ち上がった「能登丼」も、かつての広がりを取り戻せるはずだ。

地方創生を進める
ジャパネットが挑む「長崎スタジアムシティ」

　人口減少の危機が迫る長崎市が、西九州新幹線の開業や中心部の開発によって「100年に一度の変革期」を迎えようとしている。そうした中、ジャパネットグループはサッカースタジアムを核とした「長崎スタジアムシティ」の建設を推進し、いよいよ2024年10月14日に開業を迎える。

　通信販売を中核事業としてきたジャパネットグループが、もう1つの事業の柱に据えたのが、スポーツ・地域創生だ。17年に長崎のプロサッカークラブ「V・ファーレン長崎」の経営を始めたのをきっかけに、地元を盛り上げたいという想いがより強まって立ち上げた。

スポーツや地域創生でも、ジャパネットグループの事業方針として掲げてきた「見つける」「磨く」「伝える」を生かせるのではないかと考えた。通信販売事業と同様、地域の魅力的な資源を見つけ、それを徹底的に磨き上げ、全国各地へと伝えられれば、長崎の活性化に貢献できるに違いない。

市民が365日楽しめる場の創出へ

　22年7月に着工した長崎スタジアムシティは、長崎駅から徒歩約10分の中心市街地で整備が進んでいる。東京ドーム1.5個に相当する約7.5ヘクタールの敷地中央にサッカー専用スタジアムを配し、スタジアムを囲むようにアリーナやホテル、商業施設、オフィス等が集積する。

「長崎スタジアムシティ」の概要

「長崎スタジアムシティ」の完成イメージ
（資料：79ページまで、ジャパネットホールディングス）

ピーススタジアムの内観イメージ。「ピッチまで最短約5m」と日本一ピッチが近いスタジアムとなる。客席数は約2万で、食事を楽しみながら試合を観戦できるVIP席等、多様な観戦体験を提供する。プロサッカークラブ「V・ファーレン長崎」のホームとなる

　スタジアムはV・ファーレン長崎の、アリーナはBリーグ史上最短でB1昇格を果たしたプロバスケットボールクラブ「長崎ヴェルカ」の、それぞれ本拠地となる。その他、日本初のサッカースタジアムビューが楽しめるホテル、長崎県内最大級のオフィスビル、長崎初の店舗や温浴施設、屋内型スポーツアクティビティー施設が入る商業施設等も生まれる。

　観光客だけでなく、長崎に暮らす老若男女が公園のように気軽に来訪でき、長崎の若者がいきいきと働ける場所を目指す。誰もが365日楽しめる場所にするのが目標だ。

　このプロジェクトのミッションは、長崎の雇用と地域経済の活性化、世界への平和メッセージの発信だ。地域と一体となって取り組んだ先に、長崎県内の人口と出生率の増加、地元への誇りと幸福度の向上が実現する未来を信じている。

ハピネスアリーナの内観イメージ。プロバスケットボールクラブ「長崎ヴェルカ」のホームアリーナとなる。約6000席を設けた。日本では珍しいコートに近いVIP席を設置したり、試合のない日は音楽イベントやショーを実施できたりと、多機能・可変型のアリーナである

日本初のサッカースタジアムビューが楽しめるホテル。客室は243室あり、「スタジアムビュー」の客室では、リラックスできる空間で白熱する試合を楽しめる

スタジアムシティサウス。長崎初出店の飲食店をはじめ、屋内型のスポーツアクティビティー施設、温浴施設、学習塾等が入る。日常使いが可能な商業施設となる

長崎県内最大級となるオフィスビル「スタジアムシティノース」。長崎大学大学院（情報データ科学分野）の入居を皮切りに、様々な企業が入居する予定だ。新しい働き方を提供するコワーキングスペースもあり、一般利用も可能

地方創生を進める｜節についての論述

基盤づくりの使命
多様性消滅の危機回避に向け 地域価値を生かすための貢献

　2024年元日に発生した「令和6年能登半島地震」では、復旧の遅れが指摘されている。「静か過ぎる能登」と言われるほどだ。全壊した9000棟弱の住宅の多くは、長く放置されてきた。筆者は24年4月末に現地に赴いた。倒壊建物には手つかずで、瓦礫の中から遺品を探す被災者やボランティアの姿は見当たらない。まさに「静か過ぎる」状況だった。

　その一因は、被災地と避難地が遠く離れている点にある。例えば、金沢市から半島北端の石川県珠洲市までの所要時間は約3時間。被災地には寝泊まり可能な施設が乏しく、限られた時間しか活動できない。遺品等の整理が進まず、瓦礫撤去の申し込みも難しい。仮に申し込みに至っても、近隣には解体事業者がほとんどない。見つかっても彼らには作業のための「超長距離通勤」が強いられる。

　今後のインフラ復興には現地の作業員用宿舎が必須だ。しかし、平地のない場所が多く、建設は一筋縄では進まない。復興は遅れがちになる。

　ここに「人口減少問題」が重なる。我が国の人口は08年をピークに減少に転じた。一過性でなく、今後さらに加速する。ジェットコースターに例えるなら、現在はピークを過ぎて「ゆっくり下降し始めた」段階にある。年々加速する本格降下はこれからだ。

　能登半島地震は、こうした「人口ジェットコースター」の転換期に生じた自然災害だ。復興の遅れは地域の消滅を決定づける恐れがある。

能登半島地震で消失した輪島市の朝市エリア。2024年4月21日の撮影時には、復興を祈念するこいのぼりが舞っていた（写真：藤井 健）

　能登に限らず半島被災の場合、避難地は拠点都市から遠いケースが多い。復興が遅れるほど避難した土地での生活が固定化し、地元回帰はますます困難になる。人口が戻らないのだから、「既存の水準までインフラを復興しなくてもよい」といった意見も出てくる。

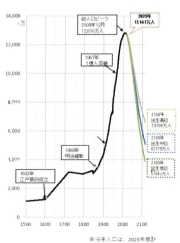

人口戦略会議で2024年1月に発表された日本の長期的な人口推移（資料：人口戦略会議「人口ビジョン2100」）

半島振興法で指定されている地域だけでも、380万人の暮らしがある。大阪市の1.4倍の水準だ。全国の半島地域の関係者は、今回の被災地のその後が「静か過ぎる」実情を知り、1度被災したら地域が消滅しかねないという不安を抱いている。実際に輪島市は、3万人弱の人口を擁していたにもかかわらず、震災の一撃で消滅の危機に瀕している。

多様な可能性を見つけて世界に発信を

　人口ジェットコースターに乗った現代社会で、地方が被災した場合にどこまで復興させるのか。私たちに投げ掛けられた問いだ。

能登丼のパンフレットの表紙
（資料：能登丼事業協同組合）

この問いへの解答のヒントになるのが「能登丼」だ。元々は07年の「平成19年能登半島地震」で落ち込んだ観光産業への対策として、奥能登地区の2市2町の組合に加盟する42店舗が地域の枠を越えて協力して生まれたプロジェクトだった。今回の被災までに、年間12億円の売り上げを上げるまでに成長していた。

能登丼とは、奥能登の米、能登牛、魚介、岩ガキ、フグ等、能登半島の食材をふんだんに使った名物メニューで、輪島塗の器で提供される。能登が多様性に満ちた物産の宝庫であると象徴する存在だ。

能登半島では今、その能登丼の持続性が危ぶまれている。しかし、能登丼がある世界と牛丼しかない世界とではどちらが豊かなのか。子どもたちに多様性のある世界を残さなくて良いのか、という問いにつながると筆者は考える。

多様性が導く豊かさを失わないために、通販大手のジャパネットグループが掲げる「見つける・磨く・伝える」という企業ポリシーを心に留めておきたい。同グループが建設を進める「長崎スタジアムシティ」はまさに、そのポリシーを都市開発に反映させたプロジェクトだ。

小山市の「noroca」は、市営バスの再生によって「誰でも自由に移動できるまち」の実現を図る事業だ。単にバス便を工夫するだけでなく、暮らしに寄り添い、魅力的な関連スポットを情報誌等でも紹介する。「見つける」「伝える」という姿勢で、まちの魅力を高めようとしている点に注目したい。

インフラ復興も、都市開発も、バス交通も、地方創生のための手段にすぎない。大切なのは、各地域に潜む多様な可能性を見つけ、それらを未来に向けて磨き上げ、世界に発信していくことだ。建設業の使命は、そのための基盤づくりにある。

新しい業態に挑む
復興、再エネ、地域インフラ再生、業態を拡大する建設会社

2011年に発生した東日本大震災の復旧・復興に大きく貢献してきたのが、地域に密着する建設会社である。筆者の深松努が代表を務める深松組（仙台市）も東日本大震災を現地でリアルタイムに経験しながら、最前線で復旧・復興を担ってきた。

仙台市若林区藤塚地区の東日本大震災後（2011年3月14日）の様子
（写真：87ページまで特記以外は深松組）

　ここでの経験で確信したのは、災害時の復旧・復興を担うためには会社を支える柱を増やす必要があり、それが地域課題の解決につながるということだ。以降では、当社の支柱である建設事業のほか、新たに挑戦している取り組みを2つ紹介する。

　1つ目は、復興のシンボルとなる拠点づくりとその運営である。仙台市では、津波災害を受けた東部沿岸部について、住宅の建築などを制限する災害危険区域に指定。住民に内陸への転居を促し、跡地の買い取りを進める「防災集団移転促進事業」を進めてきた。

　19年に実施された同事業の跡地を活用する民間事業者の公募において、当社が敷地南側に位置する藤塚地区の活用事業者に選ばれた。同年、当社を中心とした運営管理会社として「仙台reborn」を設立した。

アクアイグニス仙台の全景

アクアイグニス仙台の温泉棟

地中熱回収のためのスリンキー式コイルの設置工事中。回収した熱エネルギーは各施設で活用する。農業ハウスでは冬季栽培時の暖房に使う

温泉の再加熱や施設内の床暖房にも回収熱を活用する

　そして 22 年 4 月、復興のシンボルを目指した複合施設「アクアイグニス仙台」を開業させた。天然温泉や有名シェフが監修する飲食店、地場の生鮮品や加工品を取り扱う物販店舗、農園などを備えた。開業から 2 年、地元の人々をはじめイベント等では多くの人でにぎわっている。

同施設ではエネルギーの地産地消を実践している。温泉の廃湯熱や浴室排気熱（湯気）、ボイラー稼働時に発生する気化熱といった4種の熱を回収し、再生可能エネルギーとして温泉棟内に還元する。

　この「複数熱回収システム」の導入は東北初。22年度の「宮城県ストップ温暖化大賞」や23年度の「気候変動アクション環境大臣表彰」を受賞した。

　震災後の復旧・復興から、防災・減災、再生可能エネルギーの活用まで、絶望的な状況から道を切り開く力を持っているのが建設業だ。今後もその力を証明していく。

地域インフラ再生の事業スキームを構築

　もう1つは、平時の生活を支える地域インフラの再生事業だ。筆者の生まれ故郷である富山県朝日町の笹川地区は、まちの至る所で水道管が破裂し、補修費用が住民生活を圧迫していた。

　約4kmに渡る水道管の刷新には3億円を要すると試算され、過疎化が進む同地区が自力で費用を捻出するのは難しかった。

　そこで当社は地区を流れる「笹川」に着目。十分な高低差と豊富な水量を有する笹川沿いに小水力発電所を建設。その売電収入で水道設備の改修費用を捻出することで、地域住民から費用を徴収せずに済む方法を考えた。

富山県朝日町笹川地区の遠景（写真：朝日町観光協会）

老朽化した簡易水道設備

派遣された給水車

水道管の補修工事の様子

さらに、すみれ地域信託（岐阜県高山市）の協力を得て信託方式を採用した事業スキームを考案。本プロジェクトは信託の特徴である「倒産隔離機能」によって事業継続性を担保し、地域住民への水道の安定供給を可能にしている。

過疎化によってインフラの維持が困難となるケースは、全国で増えるだろう。同プロジェクトは新たなモデルケースになるはずだ。何より、従来の建設業という枠組みにとらわれず、地方創生に貢献することこそが、地域建設業の1番の使命である。

笹川地区に設置した小水力発電所

朝日町が水道設備新設費用を補助金で約3割負担

住民より発電所建設用地や配管用地について協力を得る

北陸銀行が融資の際に融通利率を適用

笹川小水力発電所は、自治体、住民、金融機関が協力しあうことで実現した（資料：深松組）

新しい業態に挑む
地場ゼネコンを起点に好循環を
静岡・三島の「イノベーションまちづくり」

　東京から新幹線で1時間弱、人口約10万人のまち、静岡県三島市。今、このまちの中心市街地には、複数の企業の地方拠点や移住者が集まっている。その起点となっているのが、コミュニティースペースやリノベーション店舗に加え、まちづくりに関連する多様な活動やプロジェクトだ。三島市は間違いなく、多様な人々による様々な活動が連鎖的に生まれる熱量の大きなまちへと変貌している。

　そうした変貌の一翼を担ってきたのが、筆者の河田亮一が代表を務める地場ゼネコン、加和太建設である。地元に根差す建設会社は、地域の企業や行政の活動と長年つながっており、人や情報が集まる地域のハブの役割も担ってきた。当社は、こうしたリソースやつながりを活用し、まちに活力を生み出す挑戦を約10年間、続けている。

　当社が取り組む「イノベーションまちづくり」のプロセスは下の図の通りだ。

加和太建設が取り組むまちづくりのプロセス（資料：右も加和太建設）

ターゲットエリアの概要。静岡・三島の中心市街地を対象とした

イノベーションの
きっかけとなった施設

このプロセスを通じ、三島市では数多くの事例が生まれた。その一部を紹介しよう。

洋菓子店兼フレンチレストランの外観
(写真：91ページまで加和太建設)

イノベーションまちづくりの第1号は、2020年に開業した洋菓子店兼フレンチレストランだ。解体される計画だった建物を当社が取得し、完成から75年以上経過した元自転車販売店をリノベーション。今のオーナーにつないだ。市内に多数のリノベーション店舗が誕生するきっかけとなった。

まちづくりをけん引するリーダーの育成拠点も生み出した。廃校になった三島市所有の幼稚園を当社が再生し、コワーキングスペースやレンタルスペース、カフェバーなどを整備。多様な人材の交流と新たな活動が生まれる場となっている。

廃校になった幼稚園を再生した、人材育成・交流拠点「みしま未来研究所」

三島市に移住者を呼び込む入り口にもなっているゲストハウス

国指定の登録有形文化財「懐古堂ムラカミ屋」をリノベーションによって蒸留所とバーに

　この施設での取り組みとネットワークを生かして起業し、ゲストハウスを運営する移住者が誕生した。ここでは、宿泊者と地域の住人が交わる仕掛けとして、1時間限定でオープンするバーが運営されている。こうした活動をきっかけに、まちづくりに関わる新たな移住者の増加につながっている。

　個人起業家だけではなく、企業を呼び込むまちとしての求心力も高まってきた。23年夏には首都圏の企業が、国の登録有形文化財に指定されている建物をリノベーションしてウイスキーの蒸留所とバーを開業。地域住民を巻き込んだイベント等が活発に開催され、まちの人々が地元を自慢したくなる新たな施設になりつつある。

スタートアップスタジオ「LtG Startup Studio」。2024年4月末時点で18社の起業家が登録している

　最後に紹介するのは、複合総合施設をリノベーションして21年にオープンしたスタートアップスタジオだ。当社が立ち上げた事業創造を支援するプラットフォームで、運営に至るまで一貫してプロデュースする。大規模なピッチコンテストや起業家育成プログラム、20代、30代に限定した異業種交流会などを開催している。

　その他、本棚ごとに約70人のオーナーがキュレーションする私設図書館や、200人以上が登録する会員制のカレー店といったユニークな店舗、朝のまちの魅力を発信する朝散歩など、三島市では活気あふれる取り組みが続々と始まっている。熱量の大きい場所に熱量の大きな人材が集まり、新たに熱量の大きな場所や活動が生まれる——。これからも、地場ゼネコンが起点となったまちの好循環を続けていく。

ドローンを使って写真測量する建設ディレクター(写真:95ページまで建設ディレクター協会)

新しい業態に挑む
現場と働き方を変える新職域 「建設ディレクター」の活躍

　深刻化する担い手不足と働き方改革への対応が、建設業の喫緊の課題だ。建設現場の要となる技術者のパートナーとして、近年期待を集めている職域が「建設ディレクター」である。ITとコミュニケーションで現場を支援する。

　その主な業務は、建設現場の安全書類や施工体制台帳、写真管理といった書類の作成業務、ドローン(無人航空機)による写真測量や点群データ処理、3次元設計などICT(情報通信技術)関連業務が多い。

書類作成業務を担い、技術者を支援する

　建設ディレクターの大きな特長は、建設業の経験が浅い人材が活躍できる点だ。建設ディレクターには、建築や土木を学んでいない人、異業種からの転職者も多い。建設ディレクター協会では、建設業の基礎知識から、現場管理の流れ、現場とのコミュニケーション手法などを学べる育成講座を展開している。

　2024年3月末時点の建設ディレクターの数は、全国に1642人。建設ディレクターが活躍する現場が増える中、新たな職域が担う役割や可能性も広がっている。

デジタルツールを使いこなし場所を選ばず働く

　建設会社等が建設ディレクターを擁する効用は、主に4つある。まずは、技術者の負担軽減に貢献する。技術者が書類作成業務を建設ディレクターと分業すれば、他の業務に集中できるようになる。書類の作成は、技術者の業務の60％を占めるとも言われるためだ。

建設ディレクターを迎え入れた現場では、技術者が安全や品質、工程、原価の管理や人材育成に集中できるので生産性が向上し、残業が減る。働きやすい環境が整うため、人材の定着にもつながる。

　2つ目はチーム力と組織力の創出だ。建設ディレクターが関与することで、技術者それぞれが持つ情報や経験、知識といった"個人知財"がチームで共有・管理され、"組織知財"として蓄積できるようになる。情報の逸失予防や業務のマニュアル化・標準化につながり、企業利益の向上にも貢献する。

日常的にデジタルツールを使いこなす若手が、建設ディレクターとして組織内のデジタル体制を推進するケースも

バックオフィスから、複数の現場を遠隔管理する建設ディレクター

3つ目が、組織内のデジタル化の促進だ。建設ディレクターをデジタル人材と位置付け、社内のデジタル体制を推進するケースが増えている。

　建設ディレクターが現場を管理する際は、クラウドサービスや映像などを活用して遠隔から施工を支援する。そのため現場では、可視化や情報共有が進む。今では、建設ディレクターが遠隔から複数の現場を管理することも可能になっている。

　残る1つは、ダイバーシティーの拡大だ。デジタル環境が整った結果、リモートワークが可能になり、多様な人材が働きやすくなる。幼い子を持つ人材が育児と仕事を両立しやすくなったり、パートナーの転勤があっても転居先で仕事を続けられたりする。遠隔で仕事ができれば障がい等がある人材も働きやすくなる。新たな雇用の創出にもつながっている。

場所を選ばず業務ができるため、育児などと両立しやすい

新しい業態に挑む
"国内初のコンセッション"で脱請負、事業者として社会課題の解決も

　高度成長期に整備された道路や水道といったインフラは老朽化が進み、それらを管轄する自治体は少子高齢化や人口減少等を背景にした財政難に直面している。自治体だけでの維持・更新が難しくなってきた。

　そこで前田建設工業は、従来の土木・建築事業に加えて「請負×脱請負」を掲げるインフラ運営事業の展開を2011年に本格化させた。インフラ運営事業の柱は、運営権を取得し公共施設の維持管理・運営を行うコンセッションを中心とした官民連携事業と再生可能エネルギー事業だ。当社が事業主として、インフラの開発から運営までを一気通貫で手掛ける。

　コンセッション事業とは利用料金を徴収する公共施設等について、施設の所有権を発注者（公共主体）に残したまま、民間事業者が運営するスキームだ。前田建設工業は、この方式を採用した日本初の有料道路コンセッションである「愛知県有料道路運営等事業」を16年に開始した。

インフラ運営の事業領域のイメージ（資料：前田建設工業）

愛知県有料道路運営等事業の対象である知多半島道路（写真：99ページまで愛知道路コンセッション）

　安心・安全な道路運営のみならず、道路周辺の地域活性化にも取り組んでいる。例えば、事業の対象路線の1つである知多半島道路では、建築家の隈研吾氏の設計・監修を受けてパーキングエリアをリニューアル。有名シェフと地域生産者とのコラボレーションによる名産品開発やPRイベントを実施している。さらに、ベンチャー企業等と共に道路事業に関わる新技術を開発する実証実験（愛知アクセラレートフィールド）を、道路施設を活用しながら進めている。

スポーツ・エンターテインメントを核に地域振興

　25年の開業に向け、「BT+コンセッション方式」で整備を進める「IGアリーナ」（愛知県新体育館整備・運営等事業）もインフラ運営事業の一環だ。

BT+コンセッション方式とは、事業者が自らの提案に基づいて設計・建設（Build）し、完成後に所有権を県に移管（Transfer）。そのうえで、県が事業者に一定期間の運営権を売却して施設の維持管理や運営を任せる（コンセッション）方式だ。

　この方式の採用によって民間のノウハウを生かし、将来の維持管理・運営を見据えた施設計画、質の高いサービスの提供、事業者の収益性の確保を見込む。運営権対価の最大化による地域社会への還元が可能となり、自治体・地域住民・企業それぞれにとってメリットの大きい「三方良し」の実現が期待されている。

CHAP. 2 どこでも暮らせる国土をつくる

IGアリーナ（愛知県新体育館）の外観イメージ
（資料：All rights reserved Aichi International Arena Corporation）

建築家の隈研吾氏の設計・監修でリニューアルした知多半島道路の上り線の大府パーキングエリア

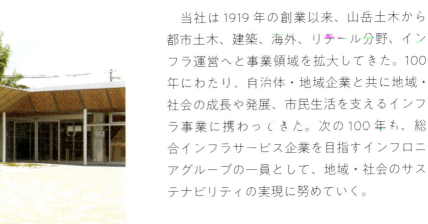

　前田建設工業は21年、NTTドコモや世界最大級のアリーナ運営会社であるAEGグループ（ASH）等7社が出資して「株式会社愛知国際アリーナ」を設立。IGアリーナでは、民間資金で世界水準の施設を実現し、最先端技術の導入を図る。目指すのは、スポーツ・エンターテインメントを通じた地域創生だ。

　当社は1919年の創業以来、山岳土木から都市土木、建築、海外、リテール分野、インフラ運営へと事業領域を拡大してきた。100年にわたり、自治体・地域企業と共に地域・社会の成長や発展、市民生活を支えるインフラ事業に携わってきた。次の100年も、総合インフラサービス企業を目指すインフロニアグループの一員として、地域・社会のサステナビリティの実現に努めていく。

新しい業態に挑む｜サブ節についての論述

新事業で社会・業界の課題解決
社会変化に適応して 事業変革で業界の魅力高める

　建設業の一般的な事業形態は請負工事である。発注者の工事発注があって、はじめて仕事が成立する。そのため、発注者側の事情や判断が事業環境を左右する面が大きい。例えば、発注量が減少すれば、ダンピング（不当廉売）受注や収益悪化、技能者の賃金下落等が起こりやすい。

　事業環境を安定させるため、行政は様々な施策を講じている。一方、近年では建設事業者自らが多様な事業に参加して付加価値を高め、事業環境や収益構造を改善する動きも目立つ。こうした動きは建設業の魅力を高め、クリエイティブな人材を建設業界に引き付ける効用を持つ。

　例えば、前田建設工業は2011年から、従来の請負工事に加えて、いわゆる上流分野に事業範囲を拡大した。「請負×脱請負」を掲げ、新しいビジネスモデルの構築を進めている。企画開発から工事施工、運営までを手掛ける総合インフラサービス企業を目指し、近年導入されたコンセッション方式にも果敢に挑戦しながら経験を積んでいる。

　地域の建設事業者の中にも、従来の請負工事以外の事業に参入する動きが広がってきた。深松組（仙台市）は、東日本大震災での経験を踏まえ、経営を安定させる多角的な事業展開を進めている。

　地域の建設事業者の存在価値である災害時の「地域の守り手」としての役割を維持しながら、地方創生に貢献する新規事業を展開する。こうした取り組みは、地域建設業の存在価値を高める。

CHAP. 2 どこでも暮らせる国土をつくる

深松組(仙台市)が中心となって整備した複合施設「アクアイグニス仙台」。
地域の復興のシンボルになっている(写真:深松組)

　地元の経済活性化につなげるプロジェクトを建設事業者自らが企画し、事業化する動きも生まれつつある。加和太建設(静岡県三島市)の「イノベーションまちづくり」の取り組みは、極めて先駆的だ。

　同社は公共工事や一般的な建築工事で安定した利益を確保しつつ、首都圏で商業・事務所ビルの開発、リーシングを行う。クリエイティブな人材を引き寄せる拠点開発等も手掛け、地元三島でイノベーションが生まれるプロジェクトを次々と企画、実施している。

リノベーションで広がる静岡県三島市のイノベーション施設(写真:3点とも青木 由行)

生産性を向上させる新職域

　生産年齢人口が減少する中で、担い手確保、生産性向上、働き方改革は建設業界の大きな課題である。建設の仕事では、技術、安全、環境をはじめ、課題や要請が多岐にわたる。建設の現場において、品質管理、工程管理、安全管理を担う技術者の負担が増しているのだ。要因の1つは、報告書の作成といった、いわゆるペーパーワークの増加だ。

　こうした状況を変えるために活躍が期待されているのが、「建設ディレクター」の存在。多様な人材がバックオフィスで一定のスキルを身に付け、ペーパーワークをはじめとした技術者支援をこなす。技術者が本来の現場業務に注力できる環境づくりを狙う。

　建設ディレクターを導入する地域の建設事業者は急速に増えている。これに伴い、技術者の負担が軽減され、建設業界で多様な人材が活躍する場も生まれている。

　近年、建設業界を取り巻く環境は大きく変わってきた。今後も環境変化に適応しなければならない。新しい業態への挑戦は、地域や建設業界に大きな価値をもたらす可能性がある。これからも取り組みを広げていくべきだ。

バックオフィスで現場を支援する
「建設ディレクター」
（写真：建設ディレクター協会）

DXを使いこなす
建機の自動運転を核に
現場を工場化する施工システム

　技能者の不足や高齢化が進む中で、技能者の安全を確保しながら、将来にわたって社会資本を安定的・継続的に供給する施工システムとはどのようなものか──。その答えの1つが、鹿島の目指す「現場の工場化」だ。生産計画に沿って、産業用ロボットが整然と作業する製造工場のように建設現場を変革できれば、少人数で効率良く多くの生産ができるようになる。

成瀬ダムの右岸側から見た堤体上の様子。計14台の重機が自動で施工している（写真：大村 拓也）

成瀬ダムの現場で稼働する自動建設機械。昼夜にわたり自動化施工を進めた（写真：上は大村 拓也、下は鹿島）

　そのために鹿島が開発を進めているのが、建設機械の自動運転と生産計画・管理の最適化を核とした自動化施工システム「A^{4}CSEL」（クワッドアクセル）だ。

　クワッドアクセルは、五ケ山ダム（福岡県那珂川市）における2015年の導入を皮切りに、多くの工事に活用されてきた。現場環境に合わせて開発した自動運転プログラムによって、振動ローラー、ブルドーザー、ダンプトラックといった複数の重機が現場で連係しながら自動で作業する。

　こうした自動化建設機械を集中投入した最新の現場が、20年度からクワッドアクセルを導入して秋田県内で進める成瀬ダムの建設工事だ。10～20台の自動化建設機械を3、4人のITパイロットで稼働させ、堤体構築作業の大半を自動化することに成功した。

2020年度（左）と23年度（右）の工事の様子。23年度からは遠隔管制で実施した（写真：鹿島）

　23年度工事からは、それまで現場に設置していた管制室を神奈川県小田原市内にある鹿島・西湘実験フィールドに移設。現場から約400km離れた遠隔管制室において、昼夜にわたる自動化施工を進めた。ITパイロットが現地に赴かなくても施工できるため、移動時間の削減につながり、現場駐在時の不便な生活からも解放された。働き方改革につながる生産システムへと昇華させ、目指してきた現場の工場化の1つの形が実現した。

クワッドアクセルが有人運転を上回る

　成瀬ダムにおけるクワッドアクセルの導入効果は具体的な数字として表れている。管制に当たる人員は、稼働する建設機械台数の4分の1から5分の1に減らした。少ない動作や時間で作業が行えるよう、作業計画と作業方法を最適化したことが大きい。

　石や砂れきとセメント、水とを混合した材料であるCSGの打設においては、自動ブルドーザーが有人運転の約2倍の打設量（単位時間当たり）を実現。22年10月には月間打設量の日本記録を更新した。

　すき間なく走行することが要求される自動振動ローラーの転圧作業においては、走行距離、作業時間を15〜20%短縮できた。自動化建

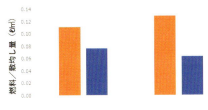

CSGまき出し作業時の燃料消費量の比較
（資料：右4点も鹿島）

月面において有人探査拠点を無人で建設するイメージ

設機械が有人運転よりも高い精度で走行できた証明だ。

こうした効率化によって燃料の使用量を削減した結果、CO_2排出量の抑制にもつながった。成瀬ダムでは自動運転での燃料使用量が有人運転よりも平均32％、最大51％減少し、CO_2排出量を大きく抑制した。

将来、月や火星に有人探査拠点を建設する際に必要な技術として、災害復旧工事等に使われている無人化施工技術が注目されている。月や火星で稼働する建設重機を、地球上から遠隔操縦するためだ。しかし、離れた場所への通信には相応の時間がかかる。通信遅延によって遠隔操縦作業の効率や精度が悪化する課題があった。

これに対して鹿島では、クワッドアクセルを応用し、遠隔操縦と自動運転の協調による自律遠隔施工システムを構築。月における有人探査拠点の建設実現を目指し、宇宙航空研究開発機構（JAXA）や大学との共同研究で、地上での実証実験や作業シミュレーションといった開発に取り組んでいる。「次の現場は宇宙」かもしれない。

DXを使いこなす
建設3Dプリンター製の土木構造物 公共工事のあちこちで実現へ

　2022年2月25日、高知県安芸市の南国安芸道路赤野橋下部外工事の現場に、約100人の見学者が押し寄せた。目当ては、同年1月に現地に設置した建設3Dプリンター製の集水升だ。据え付けた後を見る限り、通常の集水升といわれても分からない。

　寸法は1m×1m×1m。造形したのは、セメント系建設3Dプリンターの開発を手掛けるポリウスだ。公共工事において3Dプリンターで造形した本設構造物の設置は初の試みだけあって、見学者の関心は高い。同工事は高知市に本社を構える入交建設が受注した。

　監理技術者を務めた同社土木部の石川淳課長は、3Dプリンターを採用したきっかけを次のように話す。「建設業界は少子高齢化で働き

建設3Dプリンターで造形した集水升を見学している様子
(写真:111ページまで特記以外は入交建設、Polyuse)

手不足。特に若い担い手が少ない。新しい技術や魅力的な技術が必要だと思っていたときに、たまたま出合ったのが型枠不要でコンクリート構造物を造形できる3Dプリンターだった」

3Dプリンターを公共工事で使う試みは、国土交通省が取り組んでいる「生産性向上チャレンジ工事」の一環だ。受注者が施工計画書で省人化や生産性向上の取り組みを提案。効果が認められれば、発注者は工事成績評定で加点する。費用は原則、受注者が負担する。

側溝から見た集水升

現場に運び込んだ集水升。南国安芸道路赤野橋下部外工事の現場では、3Dプリンター製の集水升を2つ設置した

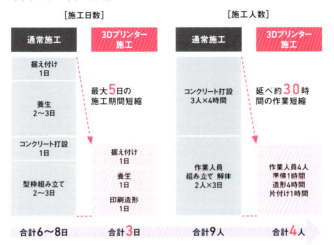

集水升を通常施工した場合と3Dプリンターで造形した場合とを比較した結果（資料：入交建設、Polyuse）

ポリウスの工場で集水升を試験造形している様子（写真：右ページ左上も日経コンストラクション）

　集水升は神奈川県鎌倉市にあるポリウスの工場で、印刷造形した。門形クレーンでノズルを移動させながらモルタルを連続的に吐出して積層し、構造物を造形していく。

　「側溝と接続する空洞部の周りの材料を固めに練る必要がある。データから読み取り、モルタルと水との比率を自動で変換している」と、ポリウスの大岡航代表取締役COO（最高執行責任者）は語る。

現場を機に意識が180度変わった

　入交建設の現場では、3Dプリンターで造形した集水升の据え付けによる工期短縮効果を検証した。通常は型枠を組み立ててから打設、養生を含めて6～8日要する。一方で、3Dプリンターを使えば型枠の組み立てが不要になり、養生期間を縮められる。

試験的に造形した階段状の構造物

2022年2月に高知県安芸市で開催した見学会では、重力式擁壁の取り合わせ部のミニ構造物を公開した（左）。複雑な形状でも3Dプリンターを使えば造形できる（右）

　「工事の実施前と実施後で、建設3Dプリンターに対する建設関係者の意識が180度変わった気がする」と大岡COO。これまでの「職人の仕事を奪う」といったネガティブな意見から、生産性向上等ポジティブな意見に変わってきたと感じている。

　入交建設との現場実装をきっかけに、複数の建設会社から問い合わせが寄せられた。社員数60人程度の入交建設でも建設3Dプリンターを公共工事に導入できたことが、「自分たちでもできる」という思いを奮い立たせた可能性がある。

　ポリウスによると、22年夏ごろには中部地方で擁壁を、近畿地方で縁石をそれぞれ3Dプリンターで造形、設置する工事が決まっている。どちらも国交省の工事だ。「22年の公共工事において、建設3Dプリンターで造形する予定は20〜30件ほどある。建設3Dプリンターを実用する元年に当たるのではないか」（大岡COO）

急斜面下の狭いヤードで掘削作業を行う2台の無人バックホー。状況を見渡せる足場から手前のブレーカーを操作するオペレーター。2022年4月19日に撮影
(写真:イクマサトシ)

DXを使いこなす
秘境の現場で未来志向の遠隔復旧工事

　高さ1600m以上の山が連なる宮崎県椎葉村の国道沿いで、未来型の遠隔土木工事を実施している。オペレーターがリモートコントローラーで無人バックホーを操作して、掘削作業を展開する。

　現場は2020年9月の台風10号で発生した土砂崩れの跡地だ。当時、斜面近くの建設会社の社屋などが土砂に巻き込まれ、4人が犠牲になった。その崩壊した法面下部に砂防堰堤を新設する。

　堰堤を築く場所は急傾斜地特別警戒区域で、40度強の傾斜角を持つ山肌があらわになった急斜面がそびえる。施工途中の落石が予想された。そこでリスク回避のため、発注者の宮崎県は「無人掘削」を指定した。

急傾斜地特別警戒区域と地すべり警戒区域に指定されている現場。掘削位置から上部20～30mの高さにある斜面には、別途工事で落石防護網が設置された（写真：特記以外は旭建設）

現場の遠隔オペレータールーム。空調を備え快適に操作できる。モニターでは、操縦席から見た左右、正面の光景とバケットで掘削している箇所を確認できる。ただし、映像では距離感・奥行き感が分かりにくく、振動によって映像が途切れるなど課題も多い（写真：イクマ サトシ）

　受注者は旭建設（宮崎県日向市）だ。15年にドローン空撮事業部を立ち上げるなど、最新技術の活用に積極的に取り組んできた同社。だが、無人化施工は今回が初めてだ。

　監理技術者を務める同社工事統括部門の河野義博土木部長は、「オペレーターも遠隔操作は未経験。そのため全体の効率は3割程度下がるが、生産性よりも安全性を重視すべき現場は今後もあるだろうから、この機会に無人化施工の知見を得たい」と話す。

　一方で、無人化施工で低下した生産性を上げる技術も試行している。積み込み荷重の遠隔管理だ。無人バックホーでダンプトラックに積み込んだ土砂の重量を正確に量る。

もともと重機の操縦席にあるボタンを押せば管理できるシステムがあったが、無人化の現場でボタンを押すためだけに操縦席に乗るのは本末転倒だ。そこで、遠隔で管理できるシステムをアクティオ（東京都中央区）の協力の下、試している。

屋内での遠隔操作とVRを試験導入

　掘削現場から数十メートル離れた場所には遠隔オペレータールームを仮設。作業内容によっては室内で遠隔操作を行う。70インチのモニターには重機に搭載したカメラ4台の映像が映し出される。実際の動きと映像とのタイムラグは約1秒だ。そのため、「ブレーカーで

ICTからアナログな工夫まで

　今回使用しているバックホーは、マシンガイダンス（MG）機能を備えている。ただ現場周辺は木々が茂った山間の谷部のため、GNSS（全球測位衛星システム）だと電波が届かないことがある。

　そこで、対岸にトータルステーション（TS）を設置。TSから得られたバックホーの位置情報と3次元設計データとを融合し、掘削地点を車載モニターにリアルタイムで表示した。オペレーターは車外なので、車載モニター前にカメラを設置して対応した。

車載モニターの3Dガイダンス画面をビデオで撮影して、リアルタイムでタブレットに映し出している。左上はタブレット画面の拡大写真。オペレーターがタブレットで確認する際、画面の反射で見えにくい点が課題だ

岩盤をひたすらたたき続けるような作業のときに、室内で快適に操作してもらう」と河野土木部長は語る。

　掘削した石が飛んでくる危険の回避につながる他、無人化施工が今よりも普及する未来に備えて、リモート操作に慣れる意味もあるという。

　この工事で初めて遠隔操作に取り組む宇田津工業（日向市）の宇田津孝博代表取締役は、「リモコンの操作自体、慣れていない。さらに限られた映像だけで作業を進めるには、場数を踏む必要がある」と言う。

　オペレータールームには、VR（仮想現実）ゴーグルも置いた。装着したゴーグルの眼前に見える映像を基に操作できる。こちらは試験的に活用することで、実用化に向けた課題を洗い出している。

主堰堤構造一般図

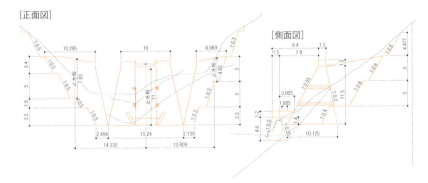

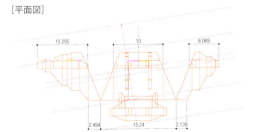

正面図と平面図は展開図（資料：旭建設）

現場概要
● 名称＝令和2年度災関砂防第1-3号 鹿野遊谷川砂防堰堤工事／● 施工場所＝宮崎県椎葉村下福良／● 発注者＝宮崎県日向土木事務所／● 設計者＝晃和コンサルタント／● 施工者＝旭建設（現場代理人＝児玉敏徳、監理技術者＝河野義博）／● 主な専門工事会社＝宇田津工業／● 工期＝2021年6月～22年6月／● 工費＝1億2977万円（税抜き）／● 契約方式＝一般競争方式／● 見積もり価格＝1億4095万円（税抜き）

秋田県上小阿仁村の自動運転サービス「こあにカー」。定員は7人で走行速度は最高時速12km（写真：119ページまで日本工営）

DXを使いこなす
超高齢化が進む豪雪地域で "生活の足"を自動運転で確保

　秋田県のほぼ中央に位置する上小阿仁村。2023年の人口減少率で日本一となった同県の中でも、高齢化が特に進んでいる地域だ。総人口は23年3月に2000人を下回り、高齢化率は58.4%（同年7月時点）に達した。特別豪雪地帯にも指定されている。

　近年は村から鉄道駅へアクセスする路線バスの廃止やタクシー事業者の撤退等、公共交通の弱体化が止まらない状態だった。そうした交通空白地帯の解消や住民の利便性向上のために進めているのが、自動運転の活用だ。村のNPO（非営利組織）による「自家用有償運送」によって、高齢者等の"生活の足"を確保している。

自動運転サービスの運行ルート
（資料：NTT空間情報の写真に日本工営が加筆）

　自動運転を活用する実証実験を始めたのは17年。その後、19年には自動運転サービスとしては全国初の社会実装につなげた。以下に、雪国ならではの課題への対応や地元住民と連携した運行時の工夫等について紹介する。

　上小阿仁村の自動運転サービスで使っている車両は、ヤマハ発動機製のゴルフカートタイプのものだ。道路に埋め込んだ電磁誘導線を感知して設定されたルートを走る。交差点での発進や緊急停止等は、乗車しているドライバーが補助する。

　3つの集落を結ぶルートを、利用者の予約に応じて運行する。前日まで予約を受け付け、利用者の希望に合わせたドア・ツー・ドアの輸送を実現している。

積雪によって、電磁誘導線が感知できなくなる。上小阿仁村が出動させる除雪車と連動して運行した。左の写真は除雪前、右の写真は除雪

実証実験を開始した時点では、運行は2ルートにとどまった。これを隣接集落のニーズを踏まえて増設。運行形態も当初は定時・定路線だったが、利便性を高めるためにデマンド運行に改めた。

地域と連携し運営体制を確保

　上小阿仁村で自動運転車両を運行する際に課題となった点は2つある。豪雪地で運行するための技術的な課題と、高齢者社会における担い手不足という運営上の課題だ。

　自動運転車両は電磁誘導線上を走行する。そのため、数十センチメートル以上の積雪時は動かせない。そこで、村による除雪体制と連携して走行環境を確保するようにした。また、車両に電気毛布や足元ヒーター等を設置し、運行時の寒さ対策も施した。

　運行に必要なドライバーや受付といったスタッフは、実証実験時から有償ボランティアの形で地元住民の協力を得た。最大10人のドライバーと、3人の受付協力者によって、日々の運行を確保してきた。

「こあにカー」の愛称決定時の様子

19年には、地域に根付いた公共交通として地域住民に親しんでもらうために、地域の小・中学生に自動運転サービスの愛称を募集した。その結果「こあにカー」と命名され、運行が続いている。

利用者の増加を狙い、他の集落で体験試乗会を実施したり、白鳥の観察ツアーや冬のイルミネーション見学ツアーをはじめとした独自イベントを企画したりした。地域が取り組むイベントとの連携も図っている。

実証実験の開始から6年以上が経過し、維持管理の課題も出てきた。例えば、除雪作業時の路面舗装のはがれや路面のひび割れ等が乗り心地の悪化につながっている。路面での凍結・融解の繰り返しを受け、電磁誘導線の劣化や露出した誘導線の断線も頻発してきた。

地域のボランティア等と共に応急処置に当たっているものの、人手による点検には限界がある。将来は、各種センサーを用いた路面状況や電磁誘導線の出力状況の監視をはじめ、先進的な技術を取り込んだ解決策を講じ、地域住民の生活に不可欠な足としての定着を目指す。

探索機を用いた誘導線の断線箇所調査。積雪で路面を認識できないので、地道な探索で断線箇所を把握する

左は破断した電磁誘導線、右はその復旧状況

DXを使いこなす｜節についての論述

アナログとデジタルの融合
デジタル技術を上手に使い生産性を高め現場を変革

　「建設業は、工場という特定の場所で生産活動が行われる製造業とは異なり、生産環境が常に異なる一品生産なので、生産性が低く、現場作業に危険が伴うのは仕方がない」。ずっとそう言われ続けてきた。

　一方、少子高齢化の進展に伴い、担い手確保が喫緊の課題となっている。省人化を進めながら完成品の質を高めつつ工事量をこなすだけでなく、十分な報酬を確保して魅力ある職場とすることで若年層を含む多様な人材を引き付ける。建設産業では、その必要性が高まっている。

　近年のDX（デジタルトランスフォーメーション）の進展は目覚ましい。センサーをはじめとした各種デバイスの発展や普及に加え、それらを通じて膨大なデータが得られる。

国土交通省は、「インフラ分野のDXアクションプラン」に基づき、「インフラの作り方」「インフラの使い方」「データの活かし方」の変革に取り組んでいる
（資料：123ページまで特記以外は国土交通省）

膨大なデータを扱う通信環境や処理能力も飛躍的に向上した。調査、設計、施工、維持管理の各段階で膨大なデータをうまく引き継ぎ、関係者間で共有できれば、建設現場の状況は一変する可能性がある。生産性や安全性の向上に対して、「仕方がない」という言い訳はもう通用しない。

　国土交通省は2023年8月、「インフラ分野のDXアクションプラン（第2版）」をまとめた。建設現場の生産性向上と同時に、業務、組織、プロセス、文化・風土や働き方の変革を掲げる。さらに24年4月に提示した「i-Construction 2.0」では、施工のオートメーション化等によって、40年度までに建設現場の生産性を23年度比で1.5倍以上に高める目標を示している。

　「公共工事の品質確保の促進に関する法律」では、19年の改正で、情報通信技術の活用による生産性の向上を基本理念の1つに据えた。24年の改正ではさらに、データの引き継ぎ、ビッグデータの効果的な活用等も盛り込んだ。

i-Construction 2.0で実現を目指す社会のイメージ

施工のオートメーション化の事例として、本書では鹿島の取り組みを紹介した。同社は、秋田県内のダム建設現場で稼働する10〜20台の自動化建設機械を約400km離れた神奈川県小田原市内で管理する。小田原の実験フィールドにいる3、4人のITパイロットが、堤体を構築する作業の大半を自動化で進める。

　宮崎県日向市に拠点を置く中堅建設業の旭建設は無人化施工だけでなく、早い時期から測量等にドローン（無人航空機）を活用。BIM/CIMの活用にも意欲的に取り組んでいる。

　建設3Dプリンターの技術開発やサービスを手掛けるポリウス（東京都港区）は、入交建設（高知市）をはじめ、多くの地域建設業とタッグを組んで3Dプリンターを活用する場を広げている。

旭建設は、砂防堰堤の整備工事を対象にCIMモデルで土砂捕捉可能量を確認し、掘削形状を変更する方法を提案。性能の確保と施工性の両立を図った点をはじめとした取り組みが評価され、国土交通省主催のインフラDX大賞（23年度）を受賞している（資料：旭建設）

全国で挑戦的な取り組みが生まれているものの、まだまだ"少数派"だ。国交省は23年度に、公共工事におけるBIM/CIMの原則適用を始めた。これを機にDXに取り組む事業者が増え、今後も建設業が地域の経済や生活を支える役割を担い続けてほしい。

インフラの「作り方」「使い方」を変える道具に

　前出のDXアクションプランで提唱された変革の対象は、「インフラの作り方」だけではない。「使い方」も対象になっている。

　秋田県上小阿仁村では、タクシー会社の撤退以来、自家用有償運送で地域の生活の足を守ってきたNPO法人が、自動運転サービスを展開している。このサービスで使う車両は、公道に設置された磁気マーカーを検知して走る。最先端の自動運転技術と比較すればローテクだが、地域の実情やニーズに合ったDXとして好例である。

　「DXを使いこなす」で取り上げた事例に共通するのは、デジタル技術を道具のように上手に使っている点だ。全てをデジタルに置き換えるのではなく、必要な部分を見極め、従来の技術と融合させて課題解決に導く。同様の取り組みが、各地で展開される未来を期待している。

最先端の自動運転技術のイメージ。路車間通信を用いた情報提供システムをはじめ、インフラ側でも様々な技術開発が求められている

社会の変化に適応する
障がいのある人が
建設会社で働くという選択肢

　一人ひとりが個性を発揮できるインクルーシブ（包摂的）な社会を実現するには、建設会社にも一層の環境整備が求められる。そのためには、障がいのある社員の職域をさらに広げ、活躍の場を増やす必要がある。

　これまでは障がいのある人材が建設会社で働く場合、いわゆる「内勤」の仕事に従事するケースが多かった。技術系では施工図の作成、見積り、設計等、事務系では庶務や経理、人事といった分野だ。

　清水建設では、経営トップが積極的に参加する、障がいのある社員の活躍を推進するイベントを定期的に開催。障がい者の雇用・活躍推進に力を入れている。ここでは、従来の職域の殻を破り、新たな分野でチャレンジする社員3人を紹介したい。

髙野学氏（写真右）が同僚と打ち合わせをしている様子
（写真：127ページまで清水建設）

「企業の成長に資する新たな障がい者雇用モデルの確立」を目指す企業アクセシビリティ・コンソーシアム（ACE）主催の「ACEアワード2023」の授賞式。清水建設の髙野学氏が準グランプリを受賞した。左はACE代表理事で日本IBM社長の山口明夫氏

1人目は、主に積算を担当する髙野学氏だ。工業高校を卒業後、重機土工の専門工事会社で重機オペレーターとして勤務していたが、現場での作業中に重機ごと約8ｍ落下。23歳のときに車いすでの生活となった。「労災事故を経験した自分だからこそ、建設現場の安全について伝えられることがあるのではないか」。リハビリ生活を経て再就職を考えたとき、髙野氏はこうした思いを抱き、もう1度建設業で働く道を選んだ。

　入社後は周囲の協力を得ながら積算について学んだ。入社11年目の2024年現在は、入札価格の見積もりや現場の設計変更といった業務に関与するまでに成長。工事価格が100億円を超える大型案件にも関わり、多くの工事受注に貢献している。

　2人目は、23年に新卒で入社した深野咲氏。先天性の聴覚障がいがあり、第1言語として手話を用いる。自ら、内勤ではなく現場勤務を希望し、都内の建築現場で事務を担当している。

　現場勤務を希望するきっかけは、文系の新入社員全員が経験する現場研修だった。聴覚障がいを理由に、この研修の「免除」を選べたものの、深野氏は「体験しないと学べないことがある」「同期と同じ経験をしたい」という思いから、同期の社員と共に研修を終えた。

写真奥が打ち合わせ中の深野咲氏。第1言語として手話を用いる

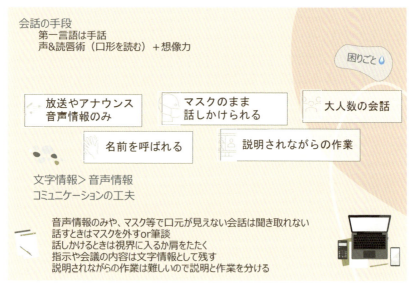

深野氏が作成した「自分のトリセツ」。困っていること、配慮してほしいことをまとめた（資料：清水建設）

　希望通り、現場に着任した際には、自身に対して配慮してほしい項目をまとめた「自分のトリセツ」を作成。工夫しながら周囲に理解を求め、経理や工務、提出書類の作成等、建築現場の事務の習得を進めている。深野氏は、「現場勤務では、ものづくりのダイナミックさを日々、実感している」と語る。

業務理解を深めるために建設現場へ

　最後の1人は、22年入社の登坂優樹氏だ。脳性麻痺による体幹機能と下肢に障がいがある。入社以来、安全管理の巡回パトロール等に随行してきたものの、次第に現場についてもっと理解を深めたいと思うようになっていた。

　登坂氏に転機が訪れたきっかけは、現場からの声だった。「現場で働くことに挑戦したいという、障がいのある社員がいれば受け入れたい」と、北陸支店の山田一宏工事長が申し出たのだ。この言葉を受けて登坂氏の現場研修が実現した。

障がいのある社員が全国から参加した現場見学会。登坂優樹氏が案内役を果たした。写真前列右でオレンジ色の長靴を履いているのが登坂氏

　研修では、山田工事長が登坂氏と一緒に現場を歩き、危険箇所等を細かくチェックした。登坂氏は「建設現場の安全管理について、実地体験できたことは、大きな収穫となった」と話す。

　登坂氏の挑戦を機に、この現場では引き続き障害のある社員を対象にした現場見学会を開催。全国から様々な障がいのある19人が参加し、登坂氏はその案内役を買って出た。

　見学会を終えた山田工事長は「障がいを抱えながら頑張る仲間が多くいると、肌で感じられた。彼らの活躍の場をさらに広げることで、大きなシナジーが生まれるのではないか」と期待を込める。

　これら3人の体験だけでも、「建設が好き」という気持ちがあれば、障がいがあっても建設会社で働けるという選択肢を分かってもらえたはずだ。

　障がいのある社員と共に働いた上司や同僚が、その働きぶりから学ぶことは多い。障がいの有無にかかわらず互いを尊重し、限界を決めずに様々なことに挑戦する。そんな姿勢が建設業界のイノベーションにつながるに違いない。

　「障がいがあっても建設会社で働けるか」──。その問いへの答えは、もちろん「Yes！」だ。

社会の変化に適応する
空間を超えて職人の技を

　近年、建設現場では熟練技能者の高齢化や将来の担い手確保が課題となっており、現場にいなくても安全に工事を進めるための遠隔操作技術の実装が求められている。その解決策の一つがリアルハプティクスである。

　リアルハプティクスとは、空間を超えて力触覚※を伝送する最新技術だ。この技術を活用すれば、弾力、粘性、ざらつきなどの情報を伝送でき、遠く離れていても直接物体に触れている感覚を得られる。また、力触覚を単に伝送するだけではなく、それを拡張したり縮小したりして伝送することも可能だ。

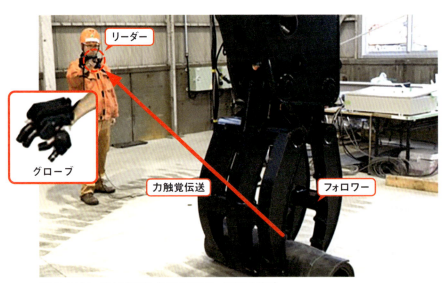

リアルハプティクスの適用例（写真：130ページまで大林組）

※ 力触覚とは触覚と力覚をまとめた概念。触覚は物体表面をなでた際のザラザラ感などの皮膚感覚、力覚は物体との接触時の反力の感覚を指す

128

大林組は、リアルハプティクスを建設工事に実装するために、慶應義塾大学と共同で様々な研究を進めてきた。操作器（以下：リーダー）と作業装置（以下：フォロワー）から成るロボット間で接触情報を伝送する技術はその一例だ。前ページの写真のように、被験者が手に装着したグローブ（リーダー）を操作すると、油圧グラップル（フォロワー）が同期して、物をつかむ感覚をグローブで感じながら持ち上げられる。

熟練の技が求められる左官作業に挑戦

左官とは、壁や床をコテで塗り上げて外装を手作業で仕上げる作業だ。建設工事の中でも、特に熟練の技が求められる。この作業を遠く離れた場所から実現できれば、職人がわざわざ現場に行かなくても工事を進められる。そこで大林組は、約500km離れた東京―大阪間でリアルハプティクス左官に挑戦する実験を試みた。

慶應義塾大学の野崎貴裕准教授は言う。「繊細な力触覚の伝送に加え、東京―大阪間の通信遅延も最小限に抑えなければ、実験の成功は難しいだろう」。この課題を解決するため、映像の伝送遅延を抑制する制御システムの構築に全力を注いだ。

実験では東京のリーダー側にいる左官職人が、大阪のフォロワー側にあるカメラで撮影された映像を見ながら左官作業を実施した。実験システムの構成図と様子を次ページの図と写真で示す。実験は下記の手順で進めた。

①左官職人が映像を見ながらコテの持ち手を模したリーダーのハンドル部を握って空中で作業する
②フォロワーのコテ部がリーダーの動きに同期して動き、模擬壁に接触する
③フォロワーが接触した感覚をリーダーに返し、左官職人がハンドル部から壁に触れた感覚を得る

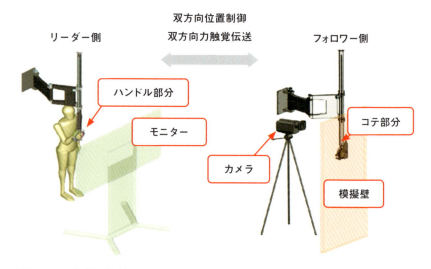

実験システムの概念図（資料：大林組）

実験風景（東京側）

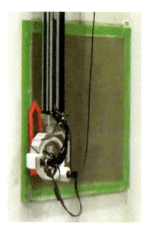

実験風景（大阪側）

作業した左官職人は、「作業に大きな違和感は全くなかった。最終仕上げの品質も直接作業をした時と同程度だ」と驚きを隠せない。

持続可能な未来の建設現場が眼前に

　本技術には他にも応用可能な取り組みがある。例えば、職人が高所に登らなくてもいいようにフォロワーにドローン（無人航空機）を用いる手法が考えられる。開発者一同は、「今後、力触覚が要求されるボードの取り付け工事や設備工事などにも適用できれば、技能作業の遠隔操作の幅が広がる。世界中のどこからでも工事に参加できる業界に変わるはずだ」と胸を張る。

　就業者の高齢化が進む建設業界。自宅から熟練技術を提供できる環境を整えれば、高齢の技能者が長く就労できる可能性も広がる。未来の建設現場は目の前まで到来している。

ドローンを使用した左官作業のイメージ（資料：大林組）

社会の変化に適応する
建設業界に欠かせない戦力
外国籍人材の育成が自社の成長に

　建設現場では、多くの外国籍の人材が活躍している。技能者の高齢化や新規入職者の減少が進む日本の建設現場において、外国籍の人材は欠かせない戦力になった。独自の育成プログラムでこうした人材の教育に力を入れる専門工事会社も少なくない。

　水道やガス、電気などの工事を担う菅原設備（愛知県津島市）もその1つだ。従業員65人のうち外国籍の人材は26人を占める。同社は、海外から来た人材が技術を習得するスピードに、日本語の力が大きく影響することに着目。日本語教室を子会社化し、語学教育に注力している。

eラーニングシステムを活用した研修メニュー（写真：135ページまで菅原設備）

作業動画の一例。動画で手順などを分かりやすくまとめている

日本語教育は、入国前からオンラインで始まる。入国後は週2回のプリント学習や月1回のオンライン授業などでフォローする。さらに、仕事に対する理解度を深めてもらうため、技術や安全衛生について動画で学べるeラーニングシステムを開発。システム上に蓄積した作業動画は、マニュアルとしても活用している。

　さらに、教育プログラムは長期的な視点で計画している。入社1年目には、日本語の勉強や仕事の基礎、日本の文化を学んでもらう。続く2年目は現場での作業に必要な資格や免許の取得を見据えて、より専門的な技術の習得を目指す。3年目になると、特定技能への移行を目指す人材に対して現場のリーダーである職長になるための教育を実施している。

　メンタルケアにも余念がない。日本での生活をサポートし、仕事の悩みを抱え込まないようにするため、産業カウンセラーの資格を持つ社員が定期的に面談を実施。直属の上司には話しにくい悩みや今後のキャリアプランの相談に乗る。

面談を定期的に設けて外国籍の人材をサポートする

母国でも活躍できる場を用意

　日本で習得した技術を生かして、母国で活躍できる環境も整備している。菅原設備は、実習期間を終えて帰国する人材の受け皿として現地法人を設立。2024年時点でミャンマーとベトナムにも拠点を展開している。これによって両国から来日した実習生は、将来、日本で働き続けるか、帰国して母国で働くか、いずれも同社のグループ内で選択できる。

　例えば、ベトナムの拠点である「スガワラベトナム」では、菅原設備の設計業務を専門に請け負い、同社が受注した工事の設計の約80％を担う。今後はさらに、現地の設備関連工事などにも事業を広げる計画だ。

スガワラベトナムの事務所メンバー

ユニークなのは、スガワラベトナムが立ち上がった経緯だ。エンジニアとして菅原設備で雇用していたベトナム人が帰国する際、「現地法人を立ち上げたい」と提案してきたのが、きっかけとなった。同社がベトナムへの拠点設置を認めた後、そのベトナム人がたった1週間で事業計画書を作成し、ほぼ1人で立ち上げまでこなした。

現地で採用したベトナム人が来日すれば、菅原設備での3年間の設計業務を通して、専門技術と日本人の仕事の進め方を学べる。こうした条件が魅力となり、現地では人気の求人になっている。

「技能実習制度」と「特定技能制度」

「技能実習制度」は、外国人労働者が日本で技能を学ぶための制度だ。一定期間（最長5年間）の実習を通じて技術を習得する。

「特定技能制度」は、2019年度に始まった新しい資格制度だ。対象は、日本での就労を目的とし、即戦力となる技能を持つ外国籍の人材となる。試験（技能・日本語）に合格するルートと技能実習（3〜5年）からの移行ルートの2つがある。在留期間は最長5年だ。ただし、高度な技能試験合格と班長経験などで在留期間の更新上限がなくなる資格への道が開かれている。

社会の変化に適応する｜節についての論述

将来の人手不足に打ち勝つ
多様な人材が活躍できる環境と新技術開発で担い手確保へ

　建設工事に必要不可欠なのは、バックホーをはじめとする建設機械やダンプトラックのような建設関係車両だけではない。建設技術者や技能者、すなわち「人」である。しかし建設業において、技能者の高齢化や新規入職者数の減少（担い手不足）に、歯止めがかからない。さらに、他産業と比べて給与や休暇が少ないといった労働条件の課題が重なり、建設業の就業者数は減少が続く。

　こうした状況を受けて国土交通省は2024年4月、「省力化」にとどまらない「省人化」を強調した「i-Construction 2.0」を策定。施工のオートメーション化をはじめ、業界の課題を抜本的に解決するための様々な施策を打ち出している。

　これらの技術開発が実り、より少ない人員でこれまで以上の出来高を上げられるようになるまで、建設業界は多様な人材と協働できる環境を整える必要がある。

　建設業の就業者数を増やす（減らさない）新たな動きとして、「社会の変化に適応する」では、代表的な3つの取り組みを紹介した。

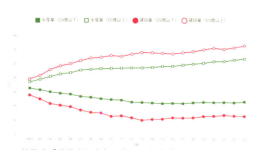

総務省「労働力調査」を基に日本建設業連合会が作成した建設業就業者の高齢化の進行に関するデータ（資料：右ページも日本建設業連合会）

障がいのある人材や外国籍の人材が活躍

清水建設は、障がいのある社員の活躍を積極的に後押しする。建設業の現場では、危険が伴う作業が少なくない。そのため、障がいのある人材は、本社等でのいわゆる「内勤」を担うイメージが強い。

同社では障がいのある人材の職域をさらに広げ、現場での仕事に従事する可能性を追求している。事例では、本人の希望に沿って現場での就労を実現した3人を紹介した。

外国籍人材の育成や活躍も進む。コミュニケーションの面で言葉の壁はあっても、「高価なロボット」よりも「人」(外国籍人材)の方が重宝される建設現場は少なくない。

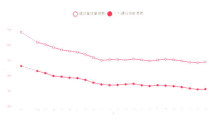

(注) 2013年以降は、いわゆる「派遣社員」を含む
総務省「労働力調査」を基に日本建設業連合会が作成した建設業の就業者数の推移

(注) 2020年以降は「生産労働者」の区分が廃止されたため、建設業は「建設・採掘従事者」、「生産工程従事者」、「輸送・機械運転従事者」を加重平均して「生産労働者」の額を推計。製造業は「生産工程従事者」の区分を使用

総務省の「労働力調査」と厚生労働省の「賃金構造基本統計調査」を基に日本建設業連合会が作成した、建設業の労働賃金(製造業との比較)と公共工事設計労務単価の推移

日本では、外国人労働者の受け入れ体制や期間、就業時間等を法令で厳格に定めている。事例で取り上げた菅原設備（愛知県津島市）では、法令に沿った手続きの順守に加え、日本語教育やメンタルケアといった細やかな配慮も積み重ね、外国籍人材の定着率を高めている。

　他産業と比べて「男性社会」と指摘されることが多かった建設業界だが、女性技術者・技能者に配慮した職場環境改善の成果も現れてきた。業界を挙げた「けんせつ小町」と呼ぶ取り組みが奏功し、多くの女性技術者や技能者を建設現場で見かけるようになった。

技能者の現役期間を技術で延ばす

　労働環境の整備と並行する技術開発としては、「リアルハプティクス」という例がある。離れた場所から「力」を正確に伝える技術だ。安全な場所に身を置きながら建設現場の仕事ができる。

　実用化できれば、高い技能を持ちながらも「危険を伴う現場での仕事はもうできない」と、諦めていた高齢技能者が活躍できるはずだ。リアルハプティクスは、雇用者と労働者の双方に「win-win」の関係をもたらす画期的な技術だ。今後、さらに実用性が高まることを期待したい。

　「担い手確保」は建設業にとって最大の課題の１つである。「給与が良い」「休暇がとれる」「希望がもてる」という建設業の「新３Ｋ」に、「かっこいい」を加えた「新４Ｋ」の建設業を実現させられれば、間違いなく担い手不足の解消につながる。

　担い手確保を進めつつ、「i-Construction 2.0」の果実をもって、より少数精鋭の産業に転換していく。そんな未来につながるステップとして、多様な人材が活躍できる場が求められている。

CHAP. 3

誰もが快適に暮らせる国土をつくる

快適に暮らせる環境をつくる

p140 新規 LRT 路線となる宇都宮ライトレールを整備
宇都宮市 建設部長 矢野公久

p144 東京五輪を契機に改善進めた都市交通のアクセシビリティ
東京地下鉄 資産管理部長 中野宏詩

p148 脱炭素に貢献しつつ快適な木質建築で「第2の森林」を
清水建設 設計本部 木質建築推進部

p152 ［節についての論述］
都市の安全・安心や暮らしをより豊かにする建設技術
建設未来研究会

グリーンインフラと生物多様性

p156 「つなぐ」にこだわった線路跡地整備
ライター 大井 智子（初出：日経コンストラクション 2023年3月号）

p160 治水対策の掘削土砂を活用し球磨川河口域でヨシ原を再生
建設未来研究会

p164 都市と農村をつなぐ下水道資源の利用
建設未来研究会

p168 ［節についての論述］
自然環境との共生で循環型の「グリーン社会」へ
建設未来研究会

快適に暮らせる環境をつくる

新規LRT路線となる
宇都宮ライトレールを整備

　「ネットワーク＆コンパクト」をまちづくりの柱に掲げる宇都宮市で、2023年8月、全国初となる全線新設の次世代型路面電車（LRT）が開業した。芳賀・宇都宮LRT「ライトライン」だ。JR宇都宮駅（宇都宮市）から栃木県芳賀町に至る約14.6km区間に19の停留場を整備し、約44分でつなぐ。開業からおよそ半年で200万人を超える乗客を運び、国内外から注目を集めている。

　LRTの走行区間のうち、約9.5kmは自動車との併用走行区間だ。残りの約5.1kmはLRTの専用走行区間として整備し、安全性や速達性を確保した。

宇都宮市内を走る芳賀・宇都宮LRT（写真：143ページまで宇都宮市）

建設に当たっては、LRTの専用走行区間として新設した橋長643mの「鬼怒川橋梁」を3度の渇水期で完成させるため、ニューマッチクケーソン工法を採用。県内有数の渋滞ポイントである野高谷町交差点の高架橋工事では、桁の架設に国内に数機しかない重機を使用する等、様々な技術的な工夫を取り入れた。

近接する小学校の安全対策に奔走

　市の担当責任者として携わった筆者は、市民の合意形成に最も苦労した。例えば、市立平石中央小学校付近の工事。ここでは安全対策が必須であった。同校北側に近接してLRTのルートがあるためだ。

　地元住民やPTAの理解を得るため、市長自らが参加する説明会などを7回実施。さらにPTAと学校、地元関係者らと共に「平石中央小学校安全対策協議会」を組織して協議を重ねた。

ライトラインの概要（資料：宇都宮市）

LRT専用橋である「鬼怒川橋梁」のPC桁架設工事

夜間に行われた野高谷町交差点の桁架設工事

当初は一部のPTAから、「小学校と隣接する交差点で万一、LRTと車が衝突した場合、校舎に車が突っ込んでくる懸念がある。子どもたちが危険だ」「振動や騒音が児童の学習環境に悪影響を及ぼす」といった意見が寄せられた。こうした意見に配慮し、多様な視点での確認を怠らないよう気を配りながら小学校周辺の関連工事に取り組み、約3年間をかけて、周辺の地権者を含む関係者等から事業協力を得た。

　協議会では、LRTの開業後も安全確保に向けた会合を続けている。開業の半年後、同小学校で「ライトライン感謝の会」が開催された。この場では児童の代表から市長に対し、「色々な場所へ出掛けられるようになり、友達が増えた」といったメッセージが伝えられた。関係者一同にとって感慨深い瞬間だった。

　ライトラインは16年1月の特許申請を皮切りに、約8年を経て開業を迎えた。実際の工事期間はこのうち約5年に及ぶ。さらに、地権者数が約400人に上るにもかかわらず、1件も土地収用に及ばず、全て任意買収で用地を取得した。担当職員の一人ひとりが地権者と向き合い、膝を交え、ときに粘り強く交渉し、理解を得た賜物である。

平石中央小学校（写真右手）付近の工事の様子

市役所内だけで延べ500人近いメンバーが携わったビッグプロジェクト。公表情報が少ない初期段階では反対論も多かった。ゼロからというよりも、むしろマイナスからのスタートだったのだ。市民の不安や疑問には丁寧な説明と対応により解消に努めた。事業に携わったスタッフがそれぞれの役割で重ねた判断と地道な努力が、開業という形で花開いた。

CHAP. 3 誰もが快適に暮らせる国土をつくる

開業以降、市民の生活の足として定着し、24年7月には累計乗客数が400万人を突破した

快適に暮らせる環境をつくる
東京五輪を契機に改善進めた都市交通のアクセシビリティ

　2021年に開催された東京五輪(東京2020オリンピック・パラリンピック競技大会)。そのレガシーの1つに、都市交通のアクセシビリティ向上がある。大会時に質の高い輸送サービスを提供するために取り組んだ施策だ。

　東京地下鉄(東京メトロ)では、東京五輪の開催が決まった13年以降、大会期間中に膨れ上がると見込まれた輸送需要に対応するために、安全性やサービス水準を総点検した。

　総点検を受けてまとめた実施計画では、エレベーター整備の従来計画の一部前倒しに加え、会場となる施設の最寄り駅では、ホームから地上までエレベーターを使えるルートを複数確保できるような環境の整備も計画した。

東京メトロ青山一丁目駅は、五輪会場への最寄り駅として多くの利用客が見込まれた。開催に合わせて20人乗りのエレベーターを新たに2基整備した(写真:146ページも中野 宏詩)

競技会場名	アクセシブルルート利用想定駅
国立競技場（陸上等）	青山一丁目駅、外苑前駅
国立代々木競技場（ハンドボール）	明治神宮前駅
日本武道館（柔道等）	九段下駅
皇居外苑（自転車ロードレース）	大手町駅※
東京国際フォーラム（ウエイトリフティング）	有楽町駅
夢の島公園アーチェリー場（アーチェリー）	新木場駅
東京アクアティクスセンター（競泳等）	辰巳駅
東京辰巳国際水泳場（水球）	辰巳駅

※大手町駅は自転車ロードレースの競技会場変更により、その後対象から除外
東京メトロでアクセシビリティ・ガイドラインの適合対象となった8駅
（資料：147ページまで東京メトロ）

　実際の整備は、「Tokyo2020 アクセシビリティ・ガイドライン」に基づいて進めてきた。障がいの有無にかかわらず、全ての人がアクセスしやすい大会とするために、大会組織委員会や国、関係自治体、障がい者団体等が参加してつくったガイドラインだ。

　会場へのアクセスルートとなる経路のうち、アクセスのしやすさに配慮が必要となる観客動線「アクセシブルルート」を、大会組織委員会が指定。このルート上の施設では、通路、出入口、階段、多機能トイレ、エレベーター等において、ガイドラインの基準を適用する。東京メトロ沿線において会場の最寄り駅となり、アクセシブルルートの対象となったのは全8駅。全ての基準を満たす施設整備を推進した。

　既存駅にエレベーターを新たに整備する場合、供用開始までには通常5〜10年を要する。場所の選定、計画、用地取得、設計、工事といったプロセスを経るためだ。五輪に向けた整備では、開催決定からの期間が短く、全プロセスを急ピッチで進めた。五輪会場の最寄り駅以外でも工事を進めており、一時は20駅以上で同時に工事が進む局面もあった。

地下駅では限られた空間での整備となる。そこで、様々な工夫を凝らした。21年7月に赤坂見附駅と永田町駅を結ぶ改札内の乗り換え通路に導入した「斜行型エレベーター」はその1つだ。既設構造物の階段部分を利用して必要な空間を確保し、掘削を伴わずに整備した。首都圏の鉄道事業者では初の試みだった。

　この他、車いすやベビーカーを利用する乗客の利便性向上も図った。車いすスペースやフリースペースがある各車両の乗降口でプラットホームのかさ上げを行った他、車両床面の低床化、プラットホーム先端部へのくし状ゴムの整備等を実施した。結果として、プラットホームと車両床面の段差・隙間は小さくなった。

斜行型エレベーターの設置例

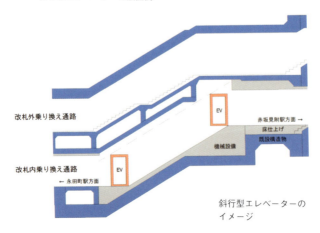

斜行型エレベーターのイメージ

東京メトロの98％超の駅で「1ルート」実現

　現在の東京メトロの駅に初めてエレベーターやホームドアが導入されたのは1991年の南北線開業時である。以降、社会全体のバリアフリー化に対する動きや法整備に合わせて、各種施設を整備してきた。なかでも、地上からホームまでエレベーターで移動できる「1ルート整備」に重点的に取り組んだ。この施設は、高齢者や体の不自由な利用客等が安心して使える。

　こうした取り組みは東京五輪に向けた一連の整備によって、さらに加速。21年度の大会開催時には、東京メトロの98.3％の駅でエレベーターによる1ルートを整備することができた。

　新型コロナウイルス感染症がもたらした緊急事態宣言の影響で、都内の会場は無観客での五輪開催となった。だが、大会を契機とした東京メトロにおけるアクセシビリティ向上の取り組みは、首都・東京の都市機能として、まさにレガシーとなった。

	2000年度	2008年度	大会開催決定時 (2013年度)	大会開催時 (2021年度)
エレベーター 1ルート	24駅	116駅	140駅	177駅
段差解消 1ルート※	39駅	34駅	37駅	3駅
未整備	101駅	29駅	2駅	0駅
合計	164駅	179駅	179駅	180駅
エレベーター 1ルート 整備率	14.6％	64.8％	78.2％	98.3％

※車いす利用者がエレベーター、スロープ、車いす対応エスカレーター、階段昇降機を用いて、ホームから地上まで移動できること
東京メトロ各駅におけるエレベーターの整備状況の推移

快適に暮らせる環境をつくる

脱炭素に貢献しつつ快適な木質建築で「第2の森林」を

　日本は世界有数の森林大国で、国土の約3分の2を森林が占める。木は光合成で大気中の二酸化炭素（CO_2）を吸収しながら CO_2 を固定化（貯蔵）できる、再生産が可能な循環型の資源である。木を使った建築物は二酸化炭素を大量に貯蔵できるため、「第2の森林」とも呼ばれる。清水建設でも積極的に木材活用を進めている。

　木を取り入れた快適な環境づくりを目指し、当社が設計を手掛けた木質建築の事例を3つ紹介する。

コンクリートと木材で構成する「アネシス茶屋ヶ坂」の外観
（写真：151ページまで清水建設）

1つ目は、名古屋市内の住宅街に建つ社宅「アネシス茶屋ヶ坂」である。木のぬくもりに包まれた住まいを目指し、構造や内外装の木質化を進めた。木と鉄筋コンクリートの特性を生かしたベストミックスなハイブリッド建築とするために、木柱・木梁、CLT（直交集成板）耐震壁をはじめ、木質構造を積極的に取り入れている。

　これらの木質構造体は室内に現しとし、壁面はスギ板張りで仕上げた。木のぬくもりと心地良さを生かした住空間としている。

　木には空間の調湿効果を高める効果もある。湿度が高くなると水分を吸収し、乾燥すると水分を放出するので、結露の防止につながる。木材の積極採用は、健康で快適な空間づくりにも役立っている。

都心の景観とウェルネスなオフィス空間をもたらす

　次に紹介するのは、「野村不動産溜池山王ビル」だ。持続可能な社会の実現に向け、都心における良質な木質テナントオフィスのあり方を追求したプロジェクトである。

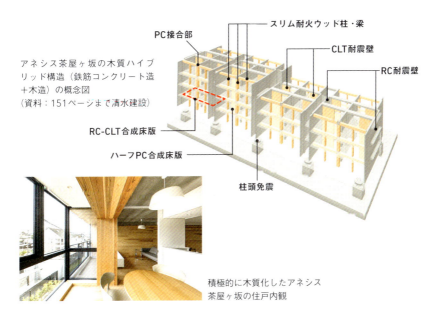

アネシス茶屋ヶ坂の木質ハイブリッド構造（鉄筋コンクリート造＋木造）の概念図
（資料：151ページまで清水建設）

積極的に木質化したアネシス茶屋ヶ坂の住戸内観

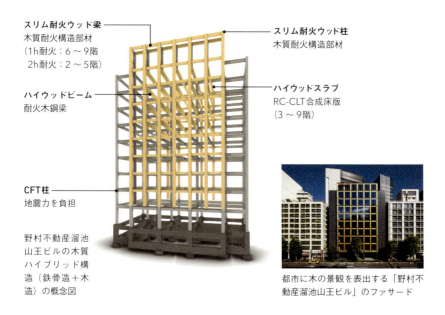

野村不動産溜池山王ビルの木質ハイブリッド構造（鉄骨造＋木造）の概念図

都市に木の景観を表出する「野村不動産溜池山王ビル」のファサード

　地上9階建てのオフィスビルを、木質ハイブリッド構造によって実現した。耐震性・耐火性を考慮し、鉄骨造と木造を合理的に組み合わせている。木造の骨格を強調するファサードとし、木による街並みの形成にも貢献する。

　オフィス空間では、ファサード部の木柱と木梁、天井部の木鋼梁（一部鉄骨梁に木化粧仕上げ）を現しとする高天井が特徴的だ。ワーカーのウェルネス（心身の健康性、働く場の快適性）の向上、知的生産性の向上を目指した。

　最後に紹介するのは「清水建設北陸支店新社屋」。オフィス空間は、吹き抜けを持つ大きなワンルームだ。この空間を印象付ける天井は、伝統的な建築様式の格天井を想起させるデザインとした。鉄骨梁と木材（耐火被覆兼化粧材）を組み合わせた木鋼梁で実現している。

　格子天井の木材は、地産地消の一環として石川県産の能登ヒバを採用した。能登ヒバは木目が美しいだけでなく、気持ちを落ち着かせるアロマ効果も期待できる。

清水建設北陸支店新社屋のオフィス空間。能登ヒバを用いた木格子天井が特徴

　実際に利用者に対してアンケートを実施したところ、木質空間は非木質空間に比べて満足度を感じる人の割合が36％増加するという結果が得られた。

　ここまでに紹介した建物以外でも、木質化による快適な環境づくりが進められている。木の魅力がより多くの人に伝われば、建築物への木材利用の拡大が期待できる。持続可能な資源循環社会、脱炭素社会の実現につながるはずだ。

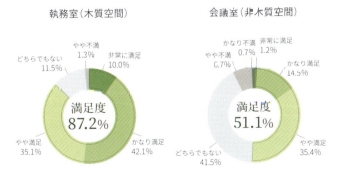

木質空間の心理的効果に関するアンケート調査結果

快適に暮らせる環境をつくる｜節に関する論述

快適性を高める環境づくり
都市の安全・安心や豊かな暮らしを実現する建設技術

地域の経済や生活を支える土木・建築の技術は、安全・安心な暮らしを実現するだけでなく、人々が快適に暮らすための持続可能な環境づくりにも大いに活用されている。

例えば都市交通。地方都市が環境面や財政面から持続可能であるためには、コンパクトな都市であることが求められる。それを実現するには、自家用車に過度に依存しない生活が必要だ。

欧米では、従来の自動車や公共交通に加え、電気自動車（EV）等によるカーシェアリング、各種モビリティといった様々な交通手段を組み合わせ、環境負荷の小さい都市モビリティの実現を図っている。

我が国においては、「コンパクト・プラス・ネットワーク」を重点施策に据え、コンパクトな都市形成と公共交通等の交通施策との連携を狙う。

宇都宮市で開業した、全国初となる新設の次世代型路面電車（LRT）は、その代表的な事業だ。快適でスムーズな移動手段を市民に提供し、同市の都市構造と都市モビリティを大きく変えた。さらに、先進的な車体デザインは魅力的な新しい都市景観を創出した。

都市部でのバリアフリーやアクセシビリティの改善も重要だ。高齢者や障がい者、子ども、車いす・ベビーカー利用者を含めた全ての人々にとって、快適な移動を実現する必要がある。スーツケースを持った来街者やけがをした利用者、国際的なビッグイベントへの来訪者等、様々な人に対する快適性を考慮しなければならない。

新型コロナウイルスの感染拡大を受け2021年に開催された東京五輪（東京2020オリンピック・パラリンピック競技大会）に向けては、東京都をはじめとする都市部において、東京メトロやJRといった都市鉄道の利便性と安全・安心の点で大きな改善が図られた。

　東京メトロでは、五輪の東京開催が決まった13年以降、全線の安全性やサービス水準を点検。乗り換え時のルート整備とエレベーター整備の前倒しを含む実施計画を作成し、整備を進めた。

芳賀・宇都宮LRT「ライトライン」が創出する都市景観（写真：安川 千秋）

例えば、競技会場の最寄り駅では、車いす利用者等がホームから地上までエレベーターで移動できるルートを複数確保した。この他、視覚障がい者の安全性が飛躍的に向上するホームドアや多機能トイレの整備も加速度的に進んだ。

　東京五輪の時点では、新型コロナウイルスの感染拡大が収束しなかったために、多くの会場で無観客開催となった。だが、五輪に向けたアクセシビリティの改善は、現在に通じる全ての人に優しい移動の実現に大きく寄与したことは言うまでもない。

木質建築が都市環境の快適性を高める

　持続可能で快適な都市環境を創出するには、脱炭素に貢献する建築物の環境配慮に加え、快適性の高い都市空間や室内環境を整える必要もある。その役割の一端を担うのが木質建築だ。

　近年、国の支援や規制の合理化等を追い風に、建築物への木材活用が盛んだ。建物の構造部や内装等に木質材料を積極的に使用し、快適な室内環境を提案するオフィスビルやマンションが増えている。

　木質建築技術の発展によって、木と鉄筋コンクリートのハイブリッド構造による中層木質建築物も誕生した。従来、構造部への木材利用は低層部や低層建築物にとどまっていた。

　木造・木質建築には、建設時の二酸化炭素（CO_2）排出量の抑制に加え、利用者満足度を高める効果も期待できる。さらに、国内産の木材を用いれば、林業の振興や我が国の風土になじんだ建築物による都市環境の創出にも寄与する。このように、建設分野の技術は持続可能で快適な都市や暮らしの実現に大いに貢献している。今後はより一層、建設分野が担うべき役割が高まるに違いない。

三菱地所設計と隈研吾建築都市設計事務所の共同設計で2020年、東京都・晴海に建築されたCLT PARK HARUMI。現在は岡山県真庭市に移築
(写真：上は日経クロステック、下は神田昌幸)

CHAP. 3 誰もが快適に暮らせる国土をつくる

155

グリーンインフラと生物多様性
「つなぐ」にこだわった 線路跡地整備

写真手前が下北沢駅、奥が世田谷代田駅方面。官民が連携しながら線路跡地に緑の基軸を整備した同広場を含む小田急線上部利用施設などのグリーンインフラの取り組みは、2022年度第3回グリーンインフラ大賞で「国土交通大臣賞」を受賞した（写真：159ページも安川 千秋）

「シモキタじゃないみたい」。東京都世田谷区にある小田急電鉄の下北沢駅南西口を出てすぐに、緑に囲まれた遊歩道と野原が広がる。ここは小田急小田原線の連続立体交差と複々線化の事業に伴う鉄道地下化で生まれた線路跡地だ。対象は世田谷代田─下北沢─東北沢の3駅間の約1.7km区間。2022年5月に一部の公共空間を残して街開きした。区民と情報や意見を交換しながら区が公共空間の通路や広場を、小田急電鉄が商業施設やホテル、住宅、広場などを整備した。

　「地下化によって創出された土地は区にとって貴重な存在。北沢周辺は住宅などが密集し道路が狭く、災害対策が課題だった。災害時は緊急車両の通行路として活用でき、日常使いもできる駅間通路を整備した」。区北沢総合支所拠点整備担当課の岸本隆課長は、こんなふうに説明する。

　緑地広場の基本設計を担当したランドスケープデザイン事務所のフォルク（東京都世田谷区）の三島由樹代表は、次のように話す。「景観を楽しむような庭園ではなく、人々が直接、手に触れたり、植物と人の営みの循環が感じられたりするワイルドな緑の空間とした」

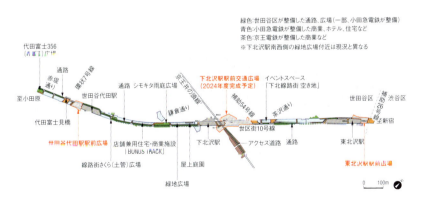

世田谷区小田急線上部利用計画図（資料：世田谷区の資料を基に日経クロステックが作成）

緑地広場に隣接する「シモキタ雨庭広場」も人気のスポットだ。「敷地の高低差は約3m。最も低いくぼ地状の植栽地に、周囲に降った雨を集めて地下に貯留、浸透させる雨庭を設けた」（区みどり33推進担当部公園緑地課の向吉真央氏）

支援型開発に徹した小田急電鉄

　約1.7kmの駅間通路の魅力を大きく高めるのが、沿道の低層店舗群だ。小田急電鉄まちづくり事業本部エリア事業創造部の下田智博課長代理はこう話す。「下北沢には長く培われてきた独自の文化がある。鉄道会社だけで開発を進めては地元に受け入れられない。地元と対話を重ね、既存の文化を支え、地域の価値を高める『支援型開発』に徹した」

緑地広場のイメージ（資料：フォルクと小田急電鉄の資料を基に日経クロステックが作成）

一見分かりづらいが、区と小田急電鉄は沿道で「シームレスな街づくり」にこだわった。直線的な官民の管理区域の境界が単調にならないように工夫している。商業施設「ボーナストラック」の敷地の舗装は通路と同じ脱色アスファルトを採用。管理区域の境界をまたぐように緑地帯を配置した。

　区拠点整備担当課の岸本課長は、「緑をより多く感じられるように、官民で一体的に整備した。空間に広がり感も生まれた」と話す。通路側にはみ出る緑地には高木ではなく地被類を植え、緊急車両が通行しやすいようにしている。

　これらの工夫の手引書となったのが、区が作成した「北沢デザインガイド」だ。ベースに据えたのは、ワークショップで生まれた「つなぐ」というキーワード。自然を感じる空間や街の記憶、市民の関わりをつなぐといった意図を込めた。ガイドでは、デザインコンセプトや方針のほか植栽、舗装、境界、照明などのデザインコードを細かく示している。

広場には雨庭をはじめ、木陰をつくる植栽やくつろげる芝生広場、幼児・児童向けの遊具などを配した。写真はくぼ地に整備した「シモキタ雨庭広場」

グリーンインフラと生物多様性
治水対策の掘削土砂を活用し
球磨川河口域でヨシ原を再生

　熊本県南部を流れる球磨川では、「令和2年（2020年）7月豪雨」によって甚大な物的・人的被害が発生した。これを受け21年1月から、同規模の洪水に対して氾濫防止等を図る「球磨川水系緊急治水対策プロジェクト」が、国・県・流域市町村等の連携で進められている。

　この事業で発生する多くの掘削土砂の活用先の1つが、球磨川河口域だ。球磨川の派川である前川の河口部にある、砂や泥の干潟が広がるエリアで進めているヨシ原の再生に役立てる。このエリアは、過去にヨシ原が広がっていたものの、干拓や砂利の採取、治水対策等によって消失していた。球磨川を管理する国土交通省九州地方整備局八代河川国道事務所が、13年から河川の掘削土砂を用いて進めてきたヨシ原の再生に協調したのだ。

　干潟への掘削土砂の投入に当たっては、多様な生物の生息・生育環境の創出を目指す。具体的には、堤防側から沖側までの海抜（T.P.）0～4mにかけて縦断勾配を付けながら土砂を投入。19年3月に再生地の造成を終え、その後もモニタリングを継続している。

土砂活用でエコトーン再生へ

　造成着手から10年以上が経過した再生地をモニタリングすると、地形や河床の材料については形状が維持されていた。一方で土壌の粒径は、波浪などの影響を受けて変化が生じた。また、ヨシ原と塩生植物の繁茂する敷地は、年を追って着実に拡大している。底生動物、魚類、鳥類の確認できた種数や重要種の種数も増加傾向にある。

球磨川河口域におけるヨシ原の再生地の航空写真。上は造成着手時、下は竣工時
（写真：163ページまで国土交通省）

当事務所が設置した委員会は、モニタリングのデータから次のように取りまとめた。「河道掘削に伴い発生した土砂の河口域への投入は、河口域の自然再生（塩生湿地やエコトーン（水際）の再生）に有効な手段である」

　同委員会はさらに、未分級の河道掘削土砂を使った場合でも、「勾配を付けて多様な標高の地形を造成すれば、自然営力により、河床材料の粒径も含めてその環境にふさわしい状態に変化する」と言及。これによって「多様な環境、微地形が形成され、それに適した生物が定着することが予測される」と結論付けた。

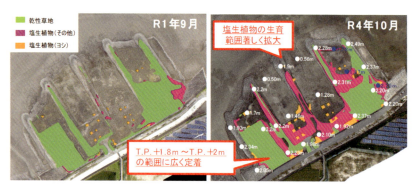

ヨシ原の再生地における塩生植物の分布状況（資料：下も国土交通省）

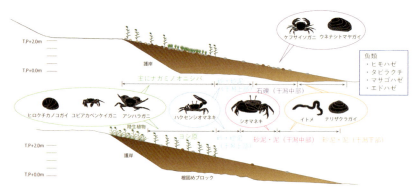

塩生湿地・エコトーン（水際）の再生イメージ

八代河川国道事務所では24年2月、熊本県八代市で活動する河川協力団体「次世代のためにがんばろ会」との環境調査での連携を開始した。地元の高校生や生き物の専門家と共に、月1回の「生き物調査」を実施中だ。当ヨシ原再生地は、市民と連携する環境啓発活動の拠点の1つになっている。

　今後、球磨川の緊急治水対策が本格化する。他の地区でも同様の手法によるヨシ原の再生が進めば、減災と生態系ネットワークの保全・再生・創出につながるはずだ。

ヨシ原の再生地における「生き物調査」の様子

グリーンインフラと生物多様性
都市と農村をつなぐ
下水道資源の利用

　都市と農村が隣接し、生産者と消費者が近い神戸市。同市では農作物に加え、「リン資源」の地産地消を進めている。

　そもそも日本は、農業向け肥料の3大栄養素であるリンの多くを輸入してきた。しかし、最大の輸出国である中国の輸出検査の厳格化等が影響してリンの価格が高騰したため、食糧安全保障の観点から国内でのリン資源の再生利用が急務となっている。

　こうした社会課題を踏まえ、ヒトから排出されたリンが集積している下水処理場で発生する下水汚泥を肥料として利用拡大し、肥料の国産化・安定供給を図る方針を、国土交通省と農林水産省が示した。

神戸市東灘処理場に設置したリフォスマスター（写真：右ページも神戸市、水ingエンジニアリング）

水ingエンジニアリング（当時、水ing）・神戸市・三菱商事アグリサービスの3者は、2012年に国交省の下水道革新的技術実証事業「B-DASHプロジェクト」の事業者として採択され、神戸市の東灘処理場でリン除去・回収装置「リフォスマスター」の建設・実証研究を実施した。さらに、水ingエンジニアリング（以下、水ingエンジ）・神戸市は、22年度のB-DASHプロジェクトの事業者にも選ばれ、同市の玉津処理場において、より高効率なリン除去・回収装置の新規設置・実証試験を進めている。

食料安全保障や環境保全にも

東灘処理場で回収されたリン酸マグネシウムアンモニウム（MAP）を原料とした資源循環型の肥料「こうべハーベスト」は現在、「こうべハーベスト 10-6-6-2」「こうべハーベスト水稲一発型」「こうべハーベスト山田錦用水稲一発型」の3種類が製造・販売されている。

多くの農作物に使用できるという特長を持つ「こうべハーベスト 10-6-6-2」は、15年に販売を開始。現在では年間約1万3000袋（20kg／袋）が神戸市内を中心に出荷されている。「こうべハーベスト水稲一発型」は、市内の学校給食で使用されている品種「きぬむすめ」用に配合されており、将来を担う子どもたちの食育や環境教育に貢献している。

ブロッコリーに「こうべハーベスト」を施肥

肥料パッケージ。都市と農村をつなぐコンセプトを表現した。左から順に、園芸用肥料「こうべハーベスト10-6-6-2」(MAP含有量20%)、水稲用肥料「こうべハーベスト水稲一発型」(同15%)、水稲用肥料「こうべハーベスト山田錦用水稲一発型」(同15%)(資料：神戸市、水ingエンジニアリング)

神戸・灘に拠点を置き、銘酒「福寿」の蔵元である神戸酒心館は、「こうべハーベスト山田錦用水稲一発型」で育った山田錦を原料に用いて醸造した環境配慮型の日本酒「環和－KANNA－」を販売している。大変まろやかで飲みやすい銘柄だ。国交省のBISTRO下水道パンフレットにも、下水資源の活用例として掲載されている。さらに、回収されたMAPを単肥として、神戸ワイン用のブドウ栽培や芝生へ散布しており、今後の流通量と利用先の拡大を推進する。

環境配慮型日本酒「環和－KANNA－」(写真：神戸酒心館)

これらの資源循環の取り組みをより多くの人に身近に感じてもらうため、神戸市では、市内の小学4年生を対象とした出前授業と収穫体験を提供する「神戸っ子SDGsプログラム」を毎年開催。ここに水ingエンジは参加し続けている。さらにその他の市民向けイベントにも積極的に参加し、下水道施設が市民にとって重要なインフラであり、下水汚泥が廃棄物でなく重要資源であること等を理解してもらうための広報活動を進めている。

　肥料原料の国内調達割合を増やせば、農業経営の安定化に加え、日本の食糧安全保障の向上にも寄与する。今後も暮らしの課題に目を向け、水から広がる循環型社会を構築することが、社会や地域の未来への貢献につながる。

神戸市教育委員会主催「みんなの大給食展」に参加（写真：下も水ingエンジニアリング）

MAPで成長したブドウの収穫

グリーンインフラと生物多様性｜節についての論述

気候危機に挑む
自然環境との共生で循環型の「グリーン社会」へ

　環境負荷の低減と経済成長を両立する「グリーン社会」の実現には、カーボンニュートラルといった地球温暖化緩和策と共に、気候変動適応策の強化が必要だ。建設分野においては、自然災害の激甚化・頻発化等、気候変動リスクの高まりに対応した防災・減災・国土強靭化のための取り組みが進む。

　気候危機に発展した昨今ではさらに、生態系への影響の拡大も懸念されている。2022年12月に開催された生物多様性条約第15回締約国会議（COP15）において、「2030年までに生物多様性の損失を食い止め、反転させ、回復軌道に乗せる」という、「ネイチャーポジティブ」の方向性が国際目標となった。日本でも、国土形成計画やグリーンインフラ推進戦略2023にも明記されている。

関東地方を代表する水系の利根川。多自然川づくりの一環として、汽水域における湿地の再生・創出に取り組む（写真：国土交通省）

例えば河川整備では、治水・利水のみならず、地域の暮らしや歴史・文化との調和等を含めて総合的に捉える「多自然川づくり」が進む。河川が本来持つ、生物の生息・生育・繁殖のための多様な環境や多彩な河川景観を保全・創出するための取り組みだ。

　例えば、熊本県の球磨川河口域では13年より、河川の掘削土砂を用いたヨシ原再生に取り組んできた。この場所は、市民と連携した環境啓発活動の拠点にもなっている。

　球磨川流域では、「令和2年（2020年）7月豪雨」で甚大な被害が発生した。以降、緊急治水対策が本格化している。今後は、河口域における活動の成果を生かし、他の地区でも掘削土砂を用いたヨシ原再生が進むことを期待したい。

　下水道の領域では、処理水、熱、汚泥といった資源を循環利用する取り組みが進む。

　日本は、主な化学肥料の原料をほぼ輸入に依存し、輸入相手も偏る。21年半ば以降は、化学肥料の原料供給では不安定な状況が続いている。

下水道資源の循環利用の概要（資料：次ページも国土交通省）

これらを受けて国は現在、食糧安全保障強化のための様々な施策を実施している。その1つに、リンや窒素等の資源を含有する下水汚泥の肥料利用がある。21年度末時点で約14％にとどまる利用率の拡大を図っている。

　先駆的な取り組みが神戸市にある。市内最大の下水処理場である「東灘処理場」において、10年以上前から市民や関係団体と連携してリンを回収し、肥料として活用してきた。ここでの成果を踏まえ、同市は23年3月、供給量の増大が見込めるリン回収設備を「玉津処理場」に新たに設置すると発表した。

「グリーンインフラ」で持続的なまちづくり

　近年、持続可能で魅力ある国土、都市、地域づくりとして脚光を浴びるのが、より総合的な取り組みに発展させたグリーンインフラの推進だ。社会資本整備や土地利用等におけるハードとソフトの両面で、自然環境に備わる多様な機能を活用する施策だ。

　小田急小田原線の世田谷代田駅〜東北沢駅区間（東京都世田谷区）では、小田急電鉄が線路を地下化。22年には線路跡地に遊歩道や緑地、商業施設等を整備してまち開きした。グリーンインフラを考慮した整備によって、魅力ある場所が生まれている。

グリーンインフラの考え方

CHAP.

4

国際的に尊敬される国をつくる

歴史・文化を大切にする国をつくる

p172 出雲大社表参道で歩行者が主役の道づくり
小野寺康都市設計事務所 小野寺康

p176 被爆時の姿を残す世界遺産「原爆ドーム」の保存
清水建設 広島支店建築部工事長 高橋伸二

p180 大火からの首里城復元に「見せる復興」で挑む
国建 常務執行役員 平良啓

p184 [節についての論述]
歴史や文化を生かしたまちづくりでにぎわい生む
建設未来研究会

日本の知見・技術で国際貢献する

p188 北米最長を誇るアーチ橋の難工事を日米技術者の協働で乗り切る
大林組 土木本部 副本部長 定松道也

p192 若い力を結集して建設した、東南アジア最大級の斜張橋
IHIインフラシステム

p196 巨大都市に発展したマニラ首都圏に洪水氾濫を低減する日本の技術支援
建設技研インターナショナル 杉野映美

p200 即断と被災地域との連携で日本の防災技術を生かす
八千代エンジニヤリング 海外事業部 ジャカルタ事務所 所長 福島淳一

p204 インドの地下鉄に日本の技術、現場の安全管理や運用を変革
オリエンタルコンサルタンツグローバル 執行役員
オリエンタルコンサルタンツ・インド現地法人 取締役会長 阿部玲子

p208 [節についての論述]
日本の知見が世界各国の課題を解決
建設未来研究会

171

歴史・文化を大切にする国をつくる
出雲大社表参道で
歩行者が主役の道づくり

　出雲大社（島根県出雲市）の正門から続く表参道「神門通り」。幅員12mの直線的な参道に面して様々な店舗が立ち並ぶ。今でこそ広く知られる通りだが、現在のように境内から大鳥居までの参道を延伸して市街地を貫通し、その先の堀川まで到達させたのは1913～15年（大正2～4年）のことだ。このときに、堀川のたもとに鉄筋コンクリート製の大鳥居を建立し、沿道に280本の松並木を植樹。現在の参道の骨格を整えた。

近代に参道として整備された神門通りだが、戦後の高度経済成長期に自動車が増加すると、歩行者は沿道建物と松並木に挟まれた狭い空間に追いやられた。歩いて参詣するという参道本来の機能が阻害されてしまったのだ。やがて、出雲大社に隣接して大型駐車場が整備されると、神門通りからは参詣客の姿が消え、沿道のにぎわいは衰微を極めた。

こうした状況を受けて島根県は、2013年（平成25年）に照準を合わせて本格的な改修を決めた。この年は出雲大社にとって60年に1度の本殿遷座祭、いわゆる「大遷宮」の年に当たる。伊勢神宮の式年遷宮も重なる年だった。

2010年の神門通りの様子。「歩車共存」の社会実験の一環で、白線を車道側に移動させた。参道に参詣客が戻った一方で、まだ車両と歩行者が近い。これを「歩行者主体」にしたいと考えた（写真：175ページまで小野寺康都市設計事務所）

改修後の神門通り。白線の内側（車道側）まで歩道舗装がにじみ出るように施した。「歩行者主体」を実現するデザインだ

CHAP. 4 国際的に尊敬される国をつくる

出雲大社入り口の坂道に面して整備したオープンスペース。建物沿いに階段と平場が連続する

石畳が車道ににじみ出す

　神門通りの改修では、筆者が代表を務める小野寺康都市設計事務所がデザインコンセプトと街路景観設計を、インダストリアルデザイナーの南雲勝志氏（ナグモデザイン事務所）が照明・ストリートファニチャー設計をそれぞれ担当。「シェアド・スペース」によって歩行者が気持ち良く歩ける本来の参道空間としての機能の回復を目指した。

　シェアド・スペースとは、人と自動車の道を明確に分ける「歩車分離」の逆を行く新たな手法である。歩道と車道をあえて平面的に共存させてドライバーに注意を喚起し、速度を抑制させる。

　11年に始めた神門通りの改修では、この「歩車共存」を超えた"歩行者主体"を狙った。歩いてこその参道だ。そのためのデザインが「にじみ出し」である。具体的には、歩道に相当する路肩部の石畳を、白線で区切る車道側に0.45mはみ出るように敷き詰めた。石畳を

約0.5mにじみ出させることで、歩行者が白線をまたぐ車道側まで自分たちの空間だと認識し、通過車両が「にじみ出し」まで後退するという効果を期待した。

　基本となる道路構成では、10年に進めた社会実験の成果を反映した。社会実験では、車道の幅員を7mから5mに縮小するよう白線を移動。車道のセンターラインもなくした。これによって、松並木と白線の間にシェアド・スペースのベースとなる歩行空間を生み出し、結果として人通りが増えた。

　参道入り口のオープンスペースでも、デザインを整えた。神門通りは出雲大社入り口付近で大鳥居に向かって緩やかな上り坂になっている。13年には、窮屈だった大鳥居前の交差点「勢溜(せいだまり)」一帯を拡幅した。連動する工事で、沿道の建物に面する街路を、階段と平場を組み合わせた構成に変更。細長く立体的な広場のような道路空間が生まれた。

　これらのデザインが奏功し、神門通りには再び参拝客が戻り、シャッター通りだった沿道の店舗も稼働を始めた。他方、車を運転するドライバーからは「走りにくい」との声が上がり、運転に注意が要る状況が透けて見える。狙い通りの展開だ。

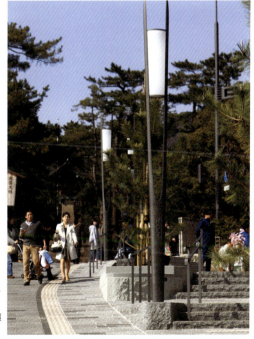

インダストリアルデザイナーの南雲勝志氏(ナグモデザイン事務所)がデザインした照明柱が沿道を彩る

CHAP. **4** 国際的に尊敬される国をつくる

歴史・文化を大切にする国をつくる
被爆時の姿を残す
世界遺産「原爆ドーム」の保存

　世界遺産「原爆ドーム」(広島市)では、被爆した当時の姿を残すべく、2021年までの過去5回にわたる保存工事を清水建設が担った。

　原爆ドームの保存工事では、可能な限り被爆時の状況を保つという特殊な条件が求められる。そのため、通常の保存工事とは異なり、劣化部材を新たな部材に取り換えるようなことはしない。「オリジナル材」と呼ぶ既存構造物の部材を損傷しないよう保ちながら、原爆ドームの現状をできるだけ変えずに維持しなければならない。

　20年6月〜21年4月に実施した第5回保存工事では、無機系材料(セメント)によるひび割れの補修に挑戦した。

　ひび割れの補修では、セメントを主成分としたポリマーセメント材をオリジナル材に悪影響を与えないよう無圧注入する必要があった。しかし、ポリマーセメントを細いひび割れに無圧注入する技術は確立されていない。

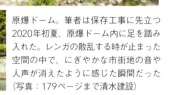

原爆ドーム。筆者は保存工事に先立つ2020年初夏、原爆ドーム内に足を踏み入れた。レンガの散乱する時が止まった空間の中で、にぎやかな市街地の音や人声が消えたように感じた瞬間だった(写真:179ページまで清水建設)

 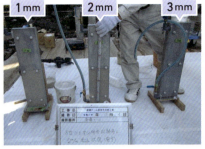

左はPC（プレストレストコンクリート）板に1〜3mmの隙間をつくり、表面にアクリル板を張った試験体。右は、空隙をつくらないよう下から補修材を注入する実験の様子

　注入状況を目視で確認するため、工事に先立ち、透明なアクリル板で試験体を作成して実験した。実験の結果、自然流入圧の場合1〜2mm程度の隙間では注入口でセメント材と水が分離して目詰まりすると分かった。そこで、シリンダーによる注入を採り入れるなど、適切な充てん方法を模索。五感も活用しながら目詰まりを解決する手法を導き出した。

補修前　　　　　　　　　　　**補修後**

 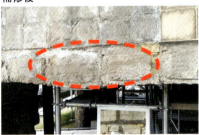

ひび割れして落下しかけていたオリジナル材を板で支え、ポリマーセメントを亀裂部に注入して補修跡が目立たないよう仕上げた

第1回工事　　　　　　　　　**第5回工事**

補修跡の比較。左は第1回保存工事のシール跡で、右は今回の第5回保存工事のポリマーセメント注入跡

塗装前  塗装後

原爆ドームの天蓋鉄骨

　第1回保存工事（1967年4〜8月）のひび割れ補修では、当時は目新しかったエポキシ樹脂が使用された。工事完了後、当時小学生だった筆者は現地を訪れ、ドームに傷跡が付いたように感じたのを覚えている。現在でもその補修箇所は残っている。今回は、補修跡を目立たせない仕上がりに挑戦し、実現した。この手法が将来の保存工事の概念を変える可能性を感じている。

　原爆ドームのシンボルである天蓋鉄骨は、第2回目保存工事（89年10月〜90年3月）による塗装が変色しており、第5回保存工事で被爆後の鉄骨色に復原した。この際に決めたこげ茶色は、被爆直後に撮影された米軍のカラー写真から推測したものだ。

シートなしの足場で見せる保存工事に

　被爆当時の姿を維持するために仮設工事にも工夫を施した。

　例えば、地上約25mの原爆ドームの足場は、あえて人力だけで組み立てた。重機の使用時に重量物の接触によるオリジナル材の破損を防ぐためだ。加えて、足場は自立させてドームに接触させず、シートで覆い隠さない計画とした。シートが受ける風の影響等を考慮したためだが、保存工事を一般の人にも見てもらいたいという理由もあった。

　原爆ドームを案内するボランティアスタッフからは「今回の工事は、ドームの姿が見えるのでありがたい」と好評だった。

足場組み立て中の様子。重機などは用いず、人力で作業した

足場組み立て後の様子。シートで覆わず、周囲から工事の状況を見えるようにした

　いつの日か原爆ドームが朽ちてなくなるのではないかと心配する人は少なくない。今回の保存工事のように復原させることで朽ちていくオリジナル材の時間を巻き戻すことができれば、被爆の痕跡を世界遺産として長期間残せる。

　未来の技術者たちが挑戦を続けることで、これからも永きにわたり、原爆ドームが世界の人々に原爆の恐ろしさを伝え続けてくれると信じている。

「平成の復元」時の首里城正殿（写真：183ページまで平良 啓）

歴史・文化を大切にする国をつくる
大火からの首里城復元に「見せる復興」で挑む

　沖縄の歴史・文化を象徴する首里城。中心施設7棟が全焼したのは、2019年10月31日のことだ。同年2月に、正殿裏の一部区域で復元整備事業を終え、往時の歴史的空間・景観が蘇った矢先の出来事だった。復元公開後の首里城には多くの利用者が訪れており、沖縄観光の目玉になっていた。そうした最中に起こった首里城火災は、日本のみならず世界にも発信され、多くの人が悲しみ、心を痛めた。

筆者も、その1人だ。1985年から「平成の復元」の調査・設計業務等で、首里城の復元に長く関わってきた。2022年に着工した「令和の復元」でも、正殿の再建に設計コンサルタントとして携わっている。

　大火を受けて国は19年12月末、学識者と関係者で構成する「首里城復元に向けた技術検討委員会」を発足。焼失した正殿再建の方針が示された。同委員会や各専門部会での議論を経て、木造での復元を踏襲しつつ、防災設備の充実や沖縄県産材料の活用についても検討が行われた。設計には、そうした新たな知見が反映されている。

　令和の復元では、平成の復元にはなかった「見せる復興」がテーマの1つだった。実現に向け、建物の焼失後に残った大量の瓦礫の撤去と、史跡に配慮した仮設道路や見学デッキの早急な整備が必要となった。

　工事場所が狭隘なので、まずは、工事中に必要となる仮設の木材倉庫・加工場・原寸場を建設。その後、木造の正殿を覆う素屋根（すやね）を増築して建物を一体化する手順とした。そして、素屋根の中に3層の見学エリアを配してエレベーターを設置。ガラス越しに正殿の施工状況が見えるようにしている。

素屋根の見学デッキ内に設けられた展示スペース

正殿の素屋根を北側の龍潭（りゅうたん）越しに見る

さらに、ボランティア活動を通し、復元の一部を体験してもらう取り組みも行われている。例えば、火害を受けた礎石を粉末にする作業。この粉末を漆の下地に再利用する。火害を受けていない赤瓦に付着した漆喰をヘラで剥がす作業も、ボランティア活動によるものだ。この赤瓦は、城内建物での再利用を見込んでいる。

防災・防火対策と構造補強を強化

　再建に向けた設計の難しさは、古絵図や古写真を根拠に形状・形態等を導き出す点にある。古絵図の表現は抽象的で、古写真からは形態を判読しにくいからだ。今回の事業では、首里城正殿と類似する例も参考にしながら、具体的な形状・形態を固めていった。

　素材の選定にもこだわりがある。可能な限り沖縄県産材料を使うという国の方針に基づき、正殿外周の礎石と礎盤、石彫刻には与那国島から細粒砂岩を調達。小屋丸太梁には、沖縄本島産のオキナワウラジロガシが採用されている。首里城を印象付ける弁柄色の復元には、古文書に記されていた沖縄本島北部の「久志間切弁柄（くしまぎりべんがら）」と、久米島の「久米赤土」を塗料として用いる。

唐破風の原寸図。古写真や平成の復元時の写真に基づいて破風板の形状を忠実に再現している

与那国島産の細粒砂岩を用いた礎盤

赤瓦葺き工事の様子。軒平瓦と平瓦から葺き始めている

　再建に当たっては、防火対策も一段と強化されている。監視カメラ、煙感知器・熱感知器、スプリンクラー、屋内消火栓、ドレンチャー、放水銃等の設備を設置。通報システム等も充実させている。さらに避難経路については、避難鉄骨階段や防火戸を設置したり、エレベーター付きの仮設階段棟を正殿に併設したりしている。

　防火・避難設備を設置する際に難しい点は、往時の正殿の外観や歴史的な室内空間とのバランスだ。今回の事業でも、防火対策で設けた設備等の色彩を正殿の弁柄色に合わせる、あるいは若干色を変えるといった工夫を加えている。

　来館者に「見せない」工夫も盛り込まれている。例えば、正殿の耐震補強として壁の中には構造用合板を張り、天井裏や小屋裏に水平ブレースを設置した。

　正殿の再建工事は着々と進んでいる。26年秋には前回の復元からさらに華やかで威厳のある正殿が完成する予定だ。今後、北殿、南殿・番所、黄金御殿等、焼失した各建物が再建されれば、再び往時の首里城の姿が蘇る。

歴史・文化を大切にする国をつくる｜節についての論述

魅力を高める景観づくり
歴史や文化を生かしたまちづくりでにぎわい生む

　内閣府の「社会意識に関する世論調査（2022年12月調査）」によると、「日本の国や国民について誇りに思うこと」として、3位に「優れた文化や芸術」（45.7%）、4位に「長い歴史と伝統」（44.0%）がランクインしている。特に「優れた文化や芸術」を選んだ人の割合は、高齢層よりも若年層の方が多かった。まちづくりに当たっては、こうした歴史的・文化的なものへの国民意識の高まりに対応した施策展開の推進が一層求められている。

　歴史、文化を生かすまちづくりを推進するため、景観条例や景観法等に基づき、各地で良好な景観づくりを取り込んだ都市の魅力創出が図られている。「歴史、文化を大切にする国をつくる」では、これに関連して2つの事例を紹介した。

　1つ目は、出雲大社の「神門通り」の再生。神門通りは出雲大社への参道でありながら、自動車の増加に伴って歩行者が隅に追いやられ、長らく"寂しい"通りとなっていた。安心して楽しみながら歩ける道へと再生するため、道路の幅員構成の見直しや、石畳の舗装化等、官民一体となって沿道の景観づくりが進められた好例である。

　2つ目の事例は、首里歴史エリアの再生だ。平成初期から、国民的な歴史・文化遺産である首里城の復元や、首里城周辺で石畳道を残す首里金城町の建築物の高さ等の制限、街路の石畳の保全・再生等が景観条例に基づいて進められている。

これらと類似の事例には、江戸時代の風情を残すまち並みを生かした滋賀県彦根市の街路整備がある。彦根城を訪れる観光客を「まちなか」へ誘導し、にぎわいの創出を目指した取り組みだ。彦根城に近接する「夢京橋キャッスルロード」の拡幅や沿道建物の建て替え、無電柱化等が進められた。

　完成した1998年の彦根城の年間客数は60万人。これに対し、夢京橋キャッスルロードを訪れた観光客は45万人に達した。近隣商店街等も加味した経済効果は約18億円と算出されるなど大きな効果を残した。

　この他、広島市内に位置する原爆ドームも取り上げた。原爆ドームは、核兵器の惨禍を如実に伝える建造物として96年12月に世界遺産に登録された。被爆当時の姿を維持するため、2021年までに5回にわたる保存工事を実施した。

彦根城（滋賀県彦根市）に近接する「夢京橋キャッスルロード」のまち並み
（写真：187ページまで英 直彦）

「奈良井宿」における伝統的建造物群の保存と街のにぎわい

水戸では整備完了後の満足度が9割超に

　価値の高い歴史的なまちなみ景観を保全する「重要伝統的建造物群保存地区」制度(23年12月時点で105市町村127地区)を活用した取り組みもある。

　例えば、長野県塩尻市の旧中山道に残る宿場町「奈良井宿」。奈良井宿の特徴は、2階部分が1階の外壁よりも街路側に張り出した「出梁造り」の町家が立ち並ぶ景観だ。21年度までに261件の建築物の修理や電柱の移設等が実現している。

復元された水戸城
の大手門

歴史的な景観
整備を進めた
水戸城の街路

　21年6月に工事を終えた水戸市の水戸城歴史的建造物復元整備事業では、「歴史まちづくり法」が活用された。水戸市によると、事業完了後の歴史的景観に対する市民の満足度は、整備完了前の64.2％から94.7％と大幅に向上した。

　歴史まちづくり法とは、歴史上の価値が高い建造物や周辺市街地の環境（歴史的風致）の維持・向上を図るため、市町村が作成する「歴史的風致維持向上計画」を国が認定・支援する制度だ。

建設中のコロラドリバー橋（正式名称は Mike O'Callaghan-Pat Tillman Memorial Bridge）とフーバーダム。橋のデザインは7つの候補の中から選ばれた（写真：米国 Federal Highway Administration（FHWA）提供）

日本の知見・技術で国際貢献する

北米最長を誇るアーチ橋の難工事を日米技術者の協働で乗り切る

　米国アリゾナ州とネバダ州の州境に位置するフーバーダム。1930年代に建造された同ダム下流のコロラド川に架かる「コロラドリバー橋」は、大林組と PSM Construction USA が2010年10月に完成させたものだ。フーバーダムを迂回するバイパス道路の一部であり、北米で最も長い支間長（323m）を誇るコンクリートアーチ橋である。

188

「ピロン工法」を採用したアーチ施工時の様子(写真：191ページまで大林組)

　筆者は大林組の現場担当者として渡米し、初めての米国勤務への期待に胸を躍らせて乗り込んだ。しかし、フーバーダムとその前にたたずむブラック渓谷を目の当たりにして息を飲んだ。多くの観光客でにぎわうダムを望みながら「本当にここに橋を架けるのか？」と、途方に暮れたことを鮮明に記憶している。

難工事に臨む日米技術者の議論と協働

　コロラドリバー橋では、橋面に立てた仮設のピロン柱の頂部からケーブルで吊りながらアーチを建設する「ピロン工法」を採用した。両岸から伸ばしていったアーチリブを、最後に橋の中央部で接続する。

コロラドリバー橋の完成時の全景

　技術的に難しい工事となった。アーチは、完成までは不安定な構造体で、気温や荷重の状態に従って常に動いている。2連のアーチを設計通りの形状で建設するためには、3次元解析を駆使した計画と同時に、実挙動の施工へのタイムリーな反映が必要だった。日本の若手橋梁技術者と米国のベテランコンサルタントとの協働作業で、その難題を克服。両岸から建設していくアーチリブは、1インチ（約2.5cm）以内の誤差で接続できた。

　困難を極めたのは、それだけではない。現場は砂漠地帯なので、近傍には要求品質を満たすコンクリート工場がない。自営のプラントを設営しなければならなかった。

コロラドリバー橋の
橋銘板

　また、当時は現場に近いラスベガスが巨大ホテルの建設ラッシュに沸いており、深刻な作業員不足に直面した。ホテル建設は屋根の下での作業も多いため、多くの作業員がホテル建設を選ぶからだ。そんな中で助けてくれたのが、歴史に残る橋を造りたいと、コロラドリバー橋の現場に残ってくれたメキシコ人作業員たちだった。

　こうして山積する課題に悩みながら現場に立ったとき、雄大なフーバーダムを望むと建造当時の技術者や作業員の苦労がしのばれた。同時に、コロラドリバー橋の建設に挑む我々の底力が試されているようにも感じた。ビッグプロジェクトへの希望や苦悩を、時代を越えて当時の人たちと共有している感覚になったのも印象深い。

橋銘板に施工者の名を刻む異例の称賛

　難工事を無事に遂行し、米国の新しいランドマークを生み出した日本企業に対する評価は高かった。その栄誉をたたえる趣旨で、コロラドリバー橋の橋銘板には例外的に我々施工者の名も刻まれている。さらに、米国土木学会（ASCE）がその年を最も代表する工事に与える最優秀土木功績賞を 2012 年度に受賞した。

　かつて川を渡る車両は全て検問を受け、フーバーダムの堤体上を通っていた。そのため、混雑時は渡り切るまでに 30 分以上を要した。コロラドリバー橋の完成で、これが 5 分に短縮された。現在では、1 日に 1 万 5000 台を超える通行車両がその恩恵を受けている。

日本の知見・技術で国際貢献する

若い力を結集して建設した、東南アジア最大級の斜張橋

　ベトナムの首都ハノイとノイバイ国際空港とを結ぶルート上の河川を渡るニャッタン橋。日本の政府開発援助（ODA）によって、2015年に開通した。東南アジアで最大級の斜張橋である。

　ニャッタン橋は、主橋部と取り付け橋部を合わせ、総延長3755mを誇る。主橋部の約1500mには、世界的にも珍しい6径間連続鋼桁斜張橋の形式を採用。左右の桁をバランスさせながら架設する工法「バランシング張出架設」で施工した。

筆者が所属するIHIインフラシステムはJVのリーダーとして、本プロジェクトに参画。筆者も約7年間、立ち上げから瑕疵担保期間（引き渡しから2年間）の完了まで、設計エンジニアとして関わった。

同規模の高難度な建設プロジェクトと比べて、非常に若いメンバーで構成されていた点がこの事業の特長だ。工事を担当した主要な日本人エンジニア、特にとび工は20代や30代が中心だった。

現場では担当別にグループに分けられた。各グループの裁量は大きく、責任を持って主体的に執務できる環境だった。当初27歳であった筆者も他のメンバーと共に考え、苦闘しながら、設計・エンジニアリング業務に主体的に関わった。

ニャッタン橋の全景。日越友好橋とも呼ばれている（写真：195ページまでIHIインフラシステム）

バランシング張出架設工法による架設の様子

　若手だけでなく、多くのベトナム人スタッフも活躍した。当時のベトナムでは、長大橋や鋼橋の建設を経験したエンジニアや技能者がほとんどいなかった。そこでこの現場では、あえて新卒のベトナム人エンジニアを採用し、一から教育すると決めた。日本水準の安全や品質、プロジェクト運営を再現するためだ。

　筆者も新卒のベトナム人エンジニアと共に設計業務に当たった。新卒のベトナム人エンジニアは、CADオペレーターとして業務を開始し、作業を進めながら設計面でも修練を積んでいった。その過程では日本の過去の設計例を題材に、定期的に勉強会を開いて共に勉強した。現場で経験する実務も相まって徐々に実力を高め、プロジェクト完了時には設計を主担当できる技術者にまで成長した。

現地で育成した人材が今も力に

　若手や現地人材との協業によって難工事に挑む方針は奏功した。現場の建設を指揮する20代や30代の日本人とび工は、数人のベトナム人技能者を抱えた現場チームを構成し、技術的な教育をしながら現場作業を遂行していた。

　印象的だったのは、日本人とび工がいち早くベトナム語を習得し、ベトナム語と身振り手振りでベトナム人技能者とコミュニケーションを図り、現地の技能者と良い人間関係を公私にわたり構築していた点である。こうした取り組みが、日本の品質、安全の確保につながり、工期短縮に多大な貢献を果たした。

　当社ではプロジェクトが完了した後も、ベトナム人エンジニアを職員として雇用し続けた。バングラデシュやルーマニア、ミャンマーといった世界中の長大橋プロジェクトで活躍してもらっている。日本人とび工から指導を受けたベトナム人技能者も、当社のベトナム工場の組立工として活躍中だ。

　ニャッタン橋は、首都ハノイの空港とハノイ市内のアクセスを20分以上短縮（半減）し、市内の交通渋滞の緩和を実現。ベトナム経済の発展促進に貢献した。このプロジェクトに携わり、設計エンジニアとして得た大きな達成感は今も大きな糧となっている。

開通式にて筆者が所属したグループのメンバーと共に

日本の知見・技術で国際貢献する

巨大都市に発展したマニラ首都圏に洪水氾濫を低減する日本の技術支援

　自然災害が多い国として知られるフィリピン。中でも、経済・教育・政治の中心地であるマニラ首都圏は、沿岸低地のため台風等の影響を受けやすく、洪水被害が深刻な地域である。

　このマニラ首都圏を貫流するパッシグ・マリキナ川ではこれまで、日本政府の技術支援、資金協力によって、多くの洪水対策事業や人材育成等が進められており、その貢献は多方面にわたっている。

フィリピン・マニラ首都圏を貫流するパッシグ・マリキナ川（写真：建設技研インターナショナル）

筆者が所属する建設技研インターナショナル（CTII）は、1988年より国際協力機構（JICA）が実施した「マニラ洪水対策計画調査」を、建設コンサルタントとして担当。パッシグ・マリキナ川を中心とする、マニラ首都圏の治水・排水計画のマスタープランの策定に携わってきた。

　公共事業道路省（DPWH）が区間を分けながら段階的に進めている「パッシグ・マリキナ川河川改修事業」では2007年から、フェーズ2と3においてパッシグ川の堤防嵩上げ、護岸、河道掘削等を実施した。

　河川管理域の幅が狭い都市域の工事においては、ハット形の矢板とH形鋼をウオータージェットバイブロ工法によって打ち込むという日本の技術を導入。これによって、振動や騒音の軽減、工期短縮、さらにコスト削減を実現した。パッシグ川を挟んで大統領官邸のマラカニアン宮殿、世界遺産のサンアグスチン教会が立つ。両建築物は、河川改修によって氾濫時の被害の度合いが軽減されている。

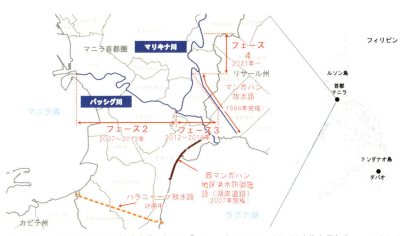

パッシグ・マリキナ川流域の治水事業の概要。「パッシグ・マリキナ川河川改修事業」（フェーズ2、3、4）はパッシグ川とマリキナ川の本川の流下能力を向上させる事業だ。「西マンガハン地区洪水防御施設」は、ラグナ湖の水位上昇による湖岸地域の浸水被害を軽減する施設として、JICAの支援で整備された（資料：次ページも建設技研インターナショナル）

20年11月にフィリピン・ルソン島を直撃した台風22号は、マニラ首都圏に経済・社会の両面で甚大な被害をもたらした。一方、パッシグ・マリキナ川流域では、一連の改修等が奏功し、浸水面積で約44km^2、浸水人口で約96.5万人、被害額で1350億円を、それぞれ低減した。

　現在、パッシグ・マリキナ川河川改修事業は終盤を迎えつつある。パッシグ・マリキナ川の洪水流をラグナ湖へ流し、その湖水をマニラ湾に流すことで、パッシグ・マリキナ川およびラグナ湖沿岸の洪水被害を軽減する「パラニャーケ放水路」が検討されている。パラニャーケ放水路の完成により、パッシグ・マリキナ川を含むラグナ湖沿岸地域の洪水被害が大幅に低減される。

　このパラニャーケ放水路事業の受益者はラグナ湖沿岸全地域及びマニラ首都圏であるが、住民移転が必要なのは一部の地域のみである。どの事業においても、影響住民の合意形成を図ることは容易ではない。多くの住民説明会等で、実施機関と共に真摯に事業の目的、効果を説明し合意形成を進めている最中である。

建設技研インターナショナルが水理解析した整備前後の浸水状況。2020年11月の台風22号による豪雨の際、パッシグ・マリキナ川流域では、政府開発援助（ODA）による一連の治水事業が浸水被害を大幅に軽減した。想定被害人口は氾濫シミュレーション結果に基づく

ロザリオ堰とマンガハン放水路（2019年撮影）。日本政府の円借款事業によって1988年に完成した。マリキナ川での洪水の一部をラグナ湖に分流し、マニラ首都圏の浸水被害を軽減する（写真：パッシグ・マリキナ川河川改修フェーズ3工事企業体）

感謝の言葉がもたらした誇らしさ

　筆者自身がパッシグ・マリキナ川の改修事業に初めて携わったのはフェーズ4の時点だ。14年に着手した基本設計において、河川改修計画を立案する際、特に考慮したのは河道幅であった。川沿いに多くの住宅が立ち並び、河道幅の設定では影響する世帯数や企業等の社会的影響を十分に考慮する必要があった。

　また、河道の中に立つ小屋によって、川の流れが妨げられる河積阻害が生じているなど、日本では想定し得ない状況にも対応しなければならなかった点も難しい部分だった。

　多くの技術者が関わってきた同事業の長い歴史の中で、筆者が携わったのは終盤にとどまる。それでも、1980年代からマニラ首都圏の洪水対策に携わってきた先輩技術者と仕事を共にできたことは、何よりも貴重であった。

　整備済みの区間が憩いの場として利用され、「日本が安全で素晴らしい場所をつくってくれた」と言われた時、日本人であることに喜びと誇りを感じた。この事業を通じてマニラ首都圏は災害に強いまちに発展し、現在では東京23区の人口を上回る巨大都市に成長している。

日本の知見・技術で国際貢献する
即断と被災地域との連携で
日本の防災技術を生かす

　「一体、何が起こっているんだ？」。2018年にインドネシアのスラウェシ島中部で、マグニチュード7.5の地震が発生した。発災直後、筆者はすぐに事態をのみ込めなかった。

　だが、ニュースやSNS（交流サイト）からは、津波被害や橋梁の崩落、地盤の移動による家屋流出等、衝撃的な映像が次々に流れてきた。こうして、国難級の大規模災害が起こったと理解した。

　八千代エンジニヤリング海外事業部でジャカルタ事務所の所長を務める筆者は、発災時もインドネシアの首都であるジャカルタに常駐していた。

津波被害のあったインドネシア・スラウェシ島中部パル市の海岸。海岸沿いにあった飲食店等は津波で流され、多くの家屋が津波で浸水、さらにその衝撃で倒壊した。市のシンボルであった橋梁が地震動によって崩落していた（写真奥）。撮影は2018年10月（写真：202ページまで福島 淳一）

発災翌日には、被災地に技術・政策アドバイザーとして入っていた国際協力機構（JICA）の専門家から現地の被害状況を聞いた。被災地を見た専門家からの「大変なことが起こっている。これは日本がやるしかない」との言葉を受け、筆者は本災害に対する日本側の対応への協力をその場で申し出た。

　その後、国土交通省をはじめ、日本の災害技術の専門家・有識者から成る JICA 調査団が結成された。筆者もここに参加。発災から 10 日後には被災地での活動を始めた。

　海外での災害対応には、調査団の結成や相手国の承諾、入国手続き等に相応の時間を要する。発災後 10 日間でこれら全ての段取りを終え、現地調査を開始できたのは異例のスピードだ。11 年の東日本大震災等、大災害を経験した日本側の関係者全員が、災害対応の「初動」を重視し、スラウェシ島地震の特殊性と重大性を踏まえて即断即決で行動したことが奏功した。

全容把握が難しい現場の情報をドローンで取得

　現地では地震や津波、液状化、地すべり、土砂災害等、多様な災害が同時多発的に、かつ南北約 140km の広域にわたって発生していた。そのため、被害の全容把握は困難を極めた。そこで筆者は、ドローン（無人航空機）を用いた空撮によって、短時間で広範囲の情報を収集。空撮映像を即時に JICA 調査団内で共有した。

　ドローンを活用した情報収集には、地域や災害に関する情報の事前把握が欠かせない。筆者はジャカルタ常駐だったため、被災地の地域情報に詳しくなかった。そのため、地元の技術者や被災地域の地方政府の職員と協働で調査を実施。その効率化や時間短縮を図った。こうした協働作業を通して被災地域との連携が深まり、災害対応は加速していった。

201

液状化と地すべりが発生したバラロア地区の様子。ドローンを用いて2019年10月に撮影した。緩やかな傾斜を持つ斜面下で液状化が発生し、流動化した地盤が地すべりを起こして住宅街を押し流した。この映像から液状化範囲、地下水位の状況、地すべりの範囲等、多くの情報を収集した

パル空港近郊に位置するペトボ地区の様子。液状化と地すべりが発生した。2019年10月にドローンで撮影。発災当初は液状化被害とされていたが、ドローンの映像から液状化範囲の片端は流動化した地盤に引っ張られて地すべりを起こしていたと判明した。この映像が液状化に伴う地すべり現象のメカニズム解析に大きく役立った

JICA調査団とインドネシアの現地スタッフ・地方政府関係者との情報交換を各地で実施した。被災地域関係者との協働によって、被災住民に寄り添った対策や方針の立案につながった。左写真手前の灰色のシャツを着ているのが筆者（写真：八千代エンジニヤリング）

　災害現場では、ドローンによる空撮や測量等が普及してきた。加えて、高精細カメラやLiDAR（ライダー）を搭載できる機種も出てくるなど、近年の技術革新は目覚ましい。

　とはいえ、取得した情報から何を解読・分析し、どう判断するかは、技術者の技量と知見に大きく依存する。地域情報の深度や撮影者の目線によって、取得できる情報量が異なるからだ。これは、スラウェシ島での災害対応で改めて学んだことにほかならない。

　18年12月、調査開始から約2カ月後という短期間で、JICA調査団はインドネシア政府へ「復興基本計画策定に向けた意見書」を提出した。被災地域のよりよい復興「ビルド・バック・ベター」を基本に、災害メカニズムとリスク評価、インフラ復興、被災住民の生活再建等、幅広い分野で方針を示した。後にインドネシア政府が発表した復興基本計画に、この意見書の内容が色濃く反映されていた。

　多くの災害を踏まえて磨かれてきた日本の防災技術は、総合防災・減災技術に強みがある。さらに、被災地域との協働によって迅速かつ適切に、当該地域に即した災害対応を展開するノウハウもある。今後も世界各地で日本の防災技術を生かし、被災地域のビルド・バック・ベターや継続的な発展を実現できると確信している。

日本の知見・技術で国際貢献する
インドの地下鉄に日本の技術、現場の安全管理や運用を変革

　多くの新興国が抱える課題に、公共交通機関の整備がある。経済成長を加速させるインドでは、自家用車の保有率が急増した結果、20世紀末には既に都心部で交通渋滞が激化。排気ガスによる大気汚染も深刻化していた。都市問題の打開策として検討されたのがデリーメトロ（地下鉄）だった。

　インド政府からの要請を受けた日本政府は1997年、メトロ建設のための資金として約147億円の円借款を決めた。総延長約390kmに及ぶ「デリーメトロ都市鉄道建設プロジェクト」が本格始動し、1期路線の2002年の開業、そして続く2期・3期路線の開業まで、コンサルティングや施工の面で日本の企業が大きな役割を果たした。

デリーメトロの路線図（資料：オリエンタルコンサルタンツグローバル）

調査、設計、施工監理、維持管理体制の構築といったコンサルタント業務を担ったオリエンタルコンサルタンツグローバルの執行役員、および現地法人の代表（現会長）を務めた立場から、本事業を紹介する。

　インド政府は、本事業のためにデリーメトロ公社を設立。その初代総裁にエラトゥヴァラピル・スリダラン氏が着任した。視察のために日本を訪れた同総裁は、当時の気持ちをこう語っていた。「日本の地下鉄は、1日に何百万人もの人が利用している。だが、全く遅れない。初めて見た時、車両の清潔さも含めて、本当に驚愕の連続だった。日本から多くのノウハウを吸収したい」

　母国に、東京を走る地下鉄のような交通システムをつくりたい。その思いを胸に指揮を取ったスリダラン氏は、日本企業との共同作業に積極的だった。デリーメトロ公社と日本の建設コンサルタントや建設会社が強い信頼関係を築き上げた結果、デリーメトロは予定工期で完成にこぎ着けた。工事の遅延が珍しくないインドにおいて、異例の出来事だ。

CHAP. 4　国際的に尊敬される国をつくる

高架橋上の橋架工事中の様子
（写真：次ページもオリエンタルコンサルタンツグローバル）

デリーメトロの現場で実施した安全講習会の様子。安全装備の装着も義務付けていた

　このメトロ建設は、工事の安全面でインドの建設業界に大きな変革をもたらした。例えば工事環境。日本では安全装備の着用が当たり前でも、当時のインドでは装備を一切着用せずに裸足で作業する作業員も大勢いた。さらに工事現場にはバリケードがなく、通行人や子どもたちが平気で歩き回るような状況だった。

　そこでデリーメトロの現場では、数万人いる全作業員に安全装備を義務付け、全ての工事現場にバリケードを設置した。当時はデリーメトロの現場だけで導入していたこの安全管理は、今ではインドにおける地下鉄工事全体に波及した。日本の建設現場で当たり前の光景が、インドに根付きつつある。

　デリーメトロの2期路線が開始された11年ごろには、インドの他の主要都市でもメトロ工事が続々と始まっていた。インドでメトロが認識され始めたそんな時期のある休日、筆者はインドでこんな経験をした。庶民の足である三輪タクシーに乗り込んだときのことだ。渋滞に巻き込まれていると、ドライバーがこう話しかけてきた。「メトロの工事のせいでいつも渋滞しているんだよ」

　ドキッとした。そのドライバーが、筆者の従事しているメトロ工事を苦々しく感じているのではないかと思ったからだ。ところが、彼の口からは意外な言葉が飛び出した。

「マダム、これが俺たちのメトロだ。すごいだろう？」——彼は、見るからに異国人である筆者をつかまえて、我が事のようにメトロを自慢し始めたのだ。その国の人たちが誇れるインフラをつくっている。そう自覚した瞬間だった。

安全性の高さで女性客が増加

メトロの開業がインド社会にもたらした影響は大きい。まずは、働く女性が通勤手段としてメトロを選べるようになった。

デリーメトロの運行前は、女性が安心して乗れると言い切れる公共交通機関がほとんどなかった。デリーメトロでは、女性専用車両を導入し、電車内にはCCTVカメラを設置。駅構内にはセキュリティー人員を配置する等、安全性をアピールした。その結果、女性利用客が大幅に増加。沿線の企業における女性雇用率も大幅にアップした。

このように、インフラの改革は社会や文化に好影響をもたらす。そして、そんな仕事に携われば、その成果を眼前で実感できる。これは、インフラ事業を実施する我々の最大のモチベーションだ。

現在、インドに新幹線方式の高速鉄道を走らせるプロジェクトが進んでいる。ここに多くの日本企業が関わっている。新たにどんな変革がもたらされるのか。楽しみである。

インドでは現在、新幹線方式の高速鉄道の整備が進む（イラスト：JICAプロジェクト・ヒストリー「マダム、これが俺たちのメトロだ！」から抜粋）

日本の知見・技術で国際貢献する｜節についての論述

高い技術力による国際貢献
日本の知見が世界各国の課題を解決

　日本には、多様な土木の知見や技術が蓄積されている。それは、日本の気象が変化に富んでいることや地震をはじめとした様々な災害が頻発すること、複雑な地形・地質を持つ島国であることに理由がある。

　例えば、急峻な山岳地帯を通るトンネル、狭い都市部での高架など、高度な技術は国土から与えられた厳しい条件によって鍛え上げられてきたものだ。これらの知見や技術は、産学官の様々な個人や組織の知識・経験として蓄積、継承されており、世界各国で活用され、その国の発展に大きく貢献している。

優れたインフラ技術を海外で活用

　日本が世界に誇る技術の代表格が、橋梁技術だ。複雑な海岸線や多くの離島を持つ日本で鍛えられた、その技術を海外の難度の高いプロジェクトに生かしてきた。

コロラドリバー橋が建設される前の様子。フーバーダムに向かうクルマが渋滞して列をなしていた（写真：大林組）

例えば、アーチ支間長が323mでコンクリートアーチ橋としては北米で最長、世界で第4位（2010年の開通当時）となった米国のコロラドリバー橋や、主橋部の約1500mに世界的にも珍しい6径間連続鋼桁斜張橋の形式を採用した総延長3755mのベトナムのニャッタン橋。いずれも日本の高い橋梁技術を生かした事例だ。

ベトナムのニャッタン橋を利用する多くのバイクや自動車、トラック（写真：IHIインフラシステム）

　工事において、日本流の安全管理を現場に導入したことも功績の1つに挙げられる。これにより現場作業員の死傷事故の大幅な低減につながり、各国での建設業の地位向上に寄与した。

　建設技術だけでなく、管理・運営の知見も他国の発展に役立っている。インドの首都デリーにおいて、なくてはならない都市内公共交通機関となったデリーメトロの運行には、日本の地下鉄事業のノウハウが生かされているのだ。

　コロラドリバー橋やニャッタン橋のような大規模橋梁は、周辺の交通渋滞を劇的に解消し、円滑で定時性の高い交通を実現した。デリーメトロの場合、渋滞解消に役立っただけでなく、女性の社会進出を後押しする効果まで現れており、社会基盤整備が社会変革につながった。

インドの公共交通機関であるデリーメトロの女性専用車両の様子。女性の安全な通勤手段として高い評価を得ている（写真：国際協力機構）

CHAP. 4 国際的に尊敬される国をつくる

インドネシアのスラウェシ島のバンガ川砂防ダムを上空から見る。2018年のスラウェシ島地震・津波災害では、災害で発生した大量の流木、土砂流出が要因となり、災害後の降雨で土砂災害が頻発した。そのため復興計画では、3つの砂防ダムが最優先プロジェクトとして位置付けられた。写真はそのうちの1つ（写真：福島 淳一）

豊富な防災の経験を途上国で活用

　洪水、渇水、台風、高潮、土砂災害、地震、津波、火山噴火――。多種多様な災害に対処してきた日本の防災に関する知見・技術は、世界でもトップクラスと評価されている。この知見・技術は災害に悩む開発途上国にとって有用である。

　防災のあり方としては、災害発生前に予め対策を講じておくことが望ましい。人口1000万人を超えるフィリピン・マニラ首都圏の中心を貫くパッシグ・マリキナ川は、洪水氾濫のたびに甚大な被害を招いてきた。日本は、30年以上前から、この川における治水計画づくり、人材育成、プロジェクトの形成、資金供給などを通じ、フィリピン政府への支援を続けている。

　日本には、災害発生後の復興においても、将来の同規模以上の災害発生に備えて安全性向上を目指す考え方がある。その思想を踏まえ、インドネシアのスラウェシ島で18年9月に発生した地震・津波災害では、インドネシア政府と協力して復興計画づくりに取り組み、事業を支援してきた。

ODA（政府開発援助）とは

　途上国の経済や社会の発展は、その国の人々がよりよい暮らしを実現するための最低条件である。日本政府は、開発途上地域の開発を目的として、政府および政府関係機関による様々な国際協力活動を実施している。こうした活動のために供与する資金等を政府開発援助（ODA：Official Development Assistance）と呼ぶ。各国の開発に貢献することで、その国と日本との外交関係の強化が期待できる。経済の発展による世界市場の拡大の恩恵は、その国にとどまらず、日本を含む世界の企業にも及ぶ。

　2022年度のODAの実績では、延べ1万3090人の留学生・研修生を受け入れる一方、9438人の専門家・海外協力隊員等を各国に派遣。国際協力機構（JICA）の年次報告書によると、1752億円の技術協力、1192億円の無償資金協力、2兆4506億円の有償資金協力を実施している。有償資金協力のうち76％は、電力・ガス、運輸、灌漑・治水・干拓、上下水道・衛生等のインフラ関連の事業である。

円借款とは

　ODAは、資金の流れから「贈与」と「貸付」に大別できる。贈与は、途上国に対して無償で提供する協力を指し、無償資金協力と技術協力に分けられる。一方、貸付とは、将来の返済を前提としたもので、有償資金協力の多くがこの貸付である。このうち、開発途上国政府等に貸付を行う円借款は、借り入れた国の政府等が事業を実施する主体となり、日本は長期間の低利融資を供与して開発途上地域の経済社会開発を後押しするもので、金額規模が大きく、相手国の経済発展につながるインフラ整備などの大型事業に活用できる。返済義務を課すことで開発途上国側の開発に対する主体性（オーナーシップ）を高め、自助努力を促す効果も期待した仕組みだ。

　パッシグ・マリキナ川の治水事業やスラウェシ島の津波災害に対する復興事業のような防災事業は、人々の生命や財産を守り、社会の発展を下支えする重要な役割を担う。

　このように、海外の事業にはときには国内の事業以上に社会基盤の整備効果を実感できる面がある。その分、やりがいも大きい。

212

CHAP.

5

建設界は社会をつくる強力なエンジン

国土づくりの過去・現在・未来
未来の建設人と共に目指す
建設界の新たな姿 p214 - 219
建設未来研究会

p215 国土整備を着実に進めるために必要な中長期計画

p216 さあ、来たれ建設人

p217 グローバル展開の後押し

p218 建設界を支える土木学会

国土づくりの過去・現在・未来
未来の建設人と共に目指す建設界の新たな姿

　日本は高度経済成長期を経て1968年にGDP（国内総生産）で米国に次ぐ世界2位の経済大国となった。89年頃にはバブル経済の絶頂期を迎え、日本人は自信に満ちあふれていた。その後、バブルが崩壊。「失われた30年」と言われる時間を経て、我が国のGDPは、中国やドイツに抜かれて世界4位（2023年現在）という状況である。

　国土整備の主財源となる公共事業関係費（当初予算）の推移を見てみると、1997年度（平成9年度）の約9.7兆円をピークに、その後は公共事業予算削減の流れの中で年々減少。政権交代もあって2012年度（平成24年度）には約4.6兆円まで縮小した。一方、主要各国の公共投資（公的固定資本形成）は、日本とは対照的に着実に増加している。

　公共投資と経済成長には相関関係がある。下の図で示すように、公共投資を増やした各国はGDPを伸ばしている。対照的に、公共投資を大幅に減らした日本は、経済の足踏み状態が続いた。

世界主要国と日本の公共投資の推移　　公共投資とGDPの相関

（資料：2点とも内閣府資料、OECD Statsを基に足立敏之事務所が作成）

国土整備を着実に進めるために必要な中長期計画

次に、公共事業関係費の補正予算にも目を向けてみよう。補正予算は、その時々の経済状況や災害の発生状況を踏まえて編成される。その性格上、変動の幅は大きくなりがちだ。

例えば、1998年度（平成10年度）には金融機関の経営破綻等を踏まえた緊急経済対策として、約5.9兆円と大きな補正予算が計上された。同年の公共事業関係費は合計約14.9兆円に達し、補正後の数字としては過去最大を記録した。

近年の補正後の公共事業関係費を見ると2兆円を超える補正予算（臨時・特別の措置を含む）が安定的に計上されている。これは、国土強靭化のための3か年緊急対策（2018年度～20年度）、5か年加速化対策（2021年度～25年度）を実施した影響が大きい。

国土強靭化については、23年の通常国会において議員立法された改正「国土強靭化基本法」が成立。ポスト5か年加速化対策として、国土強靭化中期実施計画が法定化された。約20年前に道路整備五箇年計画等の各種社会資本整備の中長期計画が廃止されて以降、画期的な出来事となった。

国土交通省が2024年の予算概要で示した公共事業関係費（政府全体）の推移（資料：国土交通省）

将来の見通しをもって公共事業関係費を安定的に確保し、国土整備を着実に進めるためには、国土強靱化5か年加速化対策のような、整備目標や必要な事業量、期間内の投資額等を明示した中長期的な計画が極めて重要だ。そもそも、国土整備は国家百年の大計であり、計画的に取り組むべきものである。

　今後は政府において、国土強靱化実施中期計画の検討が進められる。同計画の策定に当たっては、どこでどのようなプロジェクトをいつまでに実施するのかといった、より具体的な検討が必要になる。

　そのためには、国土の整備や建設に関する専門的な知識を備えた人材が欠かせない。国土計画や国土のグランドデザインが描ける人材、グランドデザインを実現するために必要な道路や港湾等の施設の設計ができる人材、またその施設を実際に建設（施工）できる人材等だ。こうした人材が、住民や自治体、関係業界等と情報共有、意見交換を進めることによって、実効性のある計画を整備できる。

　少子高齢化が進展する我が国では、建設産業に限らず働き手の確保が課題となっている。建設産業への新規入職の拡大と建設企業の事業継続を考えるうえで、「建設」の将来の見通しを明らかにする国土整備に関する中長期計画の策定は、非常に重要な意味を持つ。

さあ、来たれ建設人

　ここからは、建設界が推進する、担い手確保のための3つの施策について解説する。1つ目は働く環境の整備だ。業界の魅力を高め、担い手を掘り起こす。例えば、現場で活躍する女性は増加しており、建設業で働く女性の愛称「けんせつ小町」も定着しつつある。

　2つ目はデジタル革命を追い風にした「生産性向上」だ。事例で紹介した、秋田県内で建設が進む成瀬ダムに採用された自動化建設機械はその代表で、世界に誇れる技術である。

最後の1つは「働き方・働きがい改革」だ。例えば、小田島組（岩手県北上市）では、写真整理サービス「カエレル」（「帰れる」の意味を込め）を始め、他社の業務代行も引き受けている。これまで、膨大な量の現場写真の整理は現場経験の少ない若手に任せるケースが多く、その負担に対する不満の声は小さくなかった。

海洋開発・宇宙開発といったフロンティア分野や異業種・異分野との連携・協業は、若者の夢にもつながる。「働きがい」にもつながるはずだ。大林組が慶応義塾大学と共同で研究するリアルハプティクスは、介護・医療分野からも注目される技術だ。

グローバル展開の後押し

建設業の仕事の醍醐味であるスケール感の大きさ。それを最も肌で感じられる業務の代表格は、海外プロジェクトだろう。

世界のインフラ需要は旺盛だ。急激に都市化する新興国が直面する渋滞や騒音、公害は、既に日本が経験した課題である。現在、我が国が直面するインフラの老朽化も、いずれ新興国の悩みとなる。また、日本の世界各地での災害や戦争からの復興支援は、大震災で我が国が受けた支援への恩返しでもあり、若者の建設界への期待にも沿うことだ。日本企業が世界に貢献できる機会は無限に広がっている。

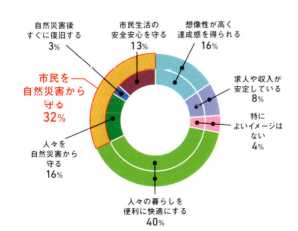

土木学会、建築学会の合同シンポジウムの活動報告（2023年11月）によると、「市民を自然災害から守る」（32％）という役割を、土木・建築を学ぶ学生の多くが、土木界や建築界に期待していることが分かる（資料：建設未来研究会）

国際協力機構（JICA）では、海外市場でのPPP（官民連携）事業の拡大を見据え、政府開発援助（ODA）にPPP事業を組み合わせたプロジェクトを増やしている。これまで以上に、多くの人材が海外プロジェクトに関われるはずだ。

若手でも、あらゆる経験を積める海外プロジェクトは、タイパ（タイムパフォーマンス）が高い。ODAプロジェクト等では、豊富な海外プロジェクト経験を持つベテランから、OJT（職場内訓練）を通じて技術を学べるので、短期間で技術力を高めやすい。

今後は、これまで築いてきた質の高さを上手にブランド化していく必要がある。将来の建設界を担うチャレンジ精神旺盛な若者たちが成し遂げてくれるものと期待している。

建設界を支える土木学会

建設界は、技術を研究する「学」、技術に基づき政策を立案する「官」、技術を用いてものづくりをする「産」から成る。そして、産官学をつなぐ組織が土木学会だ。時には統括役となって建設界を支え続けるインフラにもなる。産官学が集う学会は、国内外でも珍しい。

産官学を横のつながりとすれば、縦をつなぐのも土木学会だ。河川、道路、港湾の区分、構造、計画、景観の区分をはじめ、土木工学には数多くの専門分野がある。専門化によって効率的に人材育成を進め、経済成長に貢献してきた。一方で専門分化が進み過ぎ、多様化した社会への対応が困難になっているとの声も上がっている。

近年、医学の分野でも、循環器、消化器、呼吸器等に分化していた診療科に加え、多角的な診療を行う「総合診療科」を設ける動きがある。現代医療と時を同じくして、土木工学においても「部分最適」が「全体最適」とは言い難い面が見え始めてきたのだ。

11年に発生した東日本大震災が突きつけた課題はまさに、「土木の原点たる総合性」だった。豪雨の激甚化を見据えた流域治水への注力はある種、「土木の総合性宣言」と言える。

実は、100年以上も前に古市公威・初代土木学会会長が次のような趣旨の指摘をしていた。「学術が進歩するにつれて、より深く専門分化が進むのは当然だが、それによって壁ができて次第に総合性が失われ、土木の本来性が失われる」。土木学会はその想いを受け継ぎ、土木工学を総合性でつなぐという役割を担い続けなければならない。

国土と患者に向き合った中村哲医師がアフガニスタンで亡くなってはや5年近くがたつ。疾病の潜在要因である栄養失調と不衛生を解消するために独学で土木技術を学び、大規模な用水路を建設した人物だ。土木学会は中村医(技)師に生前、土木学会技術賞を授与した。彼の生き様は、土木学会が規定する「土木技術者の行動規範」そのものにほかならない。

土木技術者の行動規範
（社会への貢献）

土木技術者は、公衆の安寧および社会の発展を常に念頭におき、専門的知識および経験を活用して、総合的見地から公共的諸課題を解決し、社会に貢献する。

〜土木学会〜

2018年に中村哲氏に土木学会技術賞を贈った（資料：土木学会）

おわりに
強くしなやかな国土を創り
新4K産業へ

　2024年元日、最大震度7の地震が発生した。「令和6年能登半島地震」である。多くの尊い人命が失われるとともに、これまでの人生で築き、守ってきた大切なものが一瞬のうちに奪われた。

　我が国は災害列島といわれるが、令和に入ってからも、19年の「令和元年東日本台風」（台風19号）、20年の「令和2年7月豪雨」、21年の熱海市の土石流災害、24年の能登半島地震等、毎年のように大災害が発生している。さらに、南海トラフ巨大地震、首都直下地震といった大規模な災害が遠くない未来に襲ってくると懸念されている。このような巨大災害は、その国のその後の盛衰に影響を与える。

　222ページの図は、大規模自然災害が経済社会活動にどのような影響を与えるかをイメージしたものである。経済社会の活動レベルは、災害発生後に低下し、復旧・復興の進展とともに回復していく。しかしながら、災害発生前のレベルまで戻るかどうかは分からない。

　災害が発生してもなるべく被害が起こらないよう、活動レベルの低下を抑える備えを整えて（強さ）、なるべく早く回復できる社会を構築し（しなやかさ）、できれば災害前よりも活動のレベルを上げて元気な地域とする（ビルド・バック・ベター）。こうした、強くしなやかな（強靱な）社会を創り上げていくことが、令和の時代に求められている。

（写真：右ページも日経コンストラクション）

本書『建設 未来への挑戦』で取り扱った「建設」という仕事は、この強くしなやかな社会づくりに大きく貢献する。

建物や構造物の耐震化、洪水を防ぐためのダム、堤防や放水路等の建設は、災害による被害をなるべく少なくし、活動レベルの低下を防ぎ、強い社会を構築する。また、道路、鉄道、港湾といった施設整備は、災害発生後の人や物資の移動を確保し、速やかな復旧・復興に寄与し、しなやかな社会を構築する。

道路ネットワークの整備等が、被災地の活動レベルを早期に回復できるようにする効果は、土木学会の報告書でも明記されている。そもそも、道路をはじめとした交通網整備や上下水道、電気・ガスインフラ等の整備は、地域の発展と快適な暮らしに寄与するものであり、災害時においても地域のよりよい社会構築「ビルド・バック・ベター」に貢献する。

人間が生きていく限り、その生活基盤を整備し、維持管理していく「建設」という仕事はなくならない。必ず必要な仕事だ。

私たちが、子どもが、孫が、そしてその次、またその次の世代がどのような社会を望むのか。そして、将来の世代が望む社会を創り、未来へ引き継いでいくために、「建設」という仕事がどのように貢献できるのかを考えてみたい。

本書では、次の4つの切り口から、様々な事例を紹介した。1. 安心して暮らせる国土をつくる、2. どこでも暮らせる国土をつくる、3. 誰もが快適に暮らせる国土をつくる、4. 国際的に尊敬される国をつくる——。

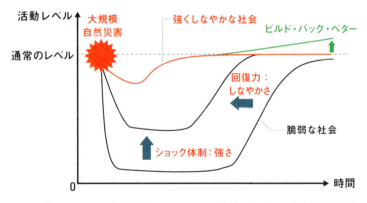

参考：「巨大地震Xデー」藤井聡著　　　　（資料：内閣官房国土強靱化推進室）

　測量、調査、計画、設計、施工、維持管理、更新等、「建設」の各段階で、建設コンサルタント、建設会社、技術系公務員といった様々な立場のプロフェッショナルたちが「建設」の仕事にどのように携わっているのか。実際の現場での具体的な取り組みを本書で紹介した。

　「建設」という仕事は厳しい自然に相対し、大地に働きかける仕事だ。残念なことに、その一端のみをフォーカスし「きつい、危険、汚い」といった「3K」で表現される産業イメージが定着している。

　これに対して近年は、建設産業界、学会、政府を挙げて、新3K「給与（の向上）、休暇（の確保）、希望」の実現を目指している。そしてさらに、「カッコイイ」を加えた「4K」産業へ脱皮すべく取り組んでいる。

　我が国では、少子高齢化、人口減少によって、どの産業においても今後、一層の人手不足が懸念されている。本書を手にした皆さまが、「建設」という仕事に、少しでも興味を持つきっかけになればありがたい。

参考文献・参考リンク先

CHAP.1 安心して暮らせる国土をつくる

災害に対して強靭な国土をつくる
- 国土技術政策総合研究所「国総研20年史」2021.6
- 内閣府「令和6年版高齢社会白書」2024.6

カーボンニュートラルを実現する
- 経済産業省「2050年カーボンニュートラル達成に向けた水力発電活用拡大の方向性ver1.0」2023.10
- 国土交通省「気候変動に対応したダムの機能強化のあり方に関する懇談会第4回資料」2024.2
- 遠藤武志ほか JICEREPORT45号「長時間アンサンブル降雨予測を活用したハイブリッドダムの推進」2024.7
- 大脇英司ほか 建設機械施工 Vol.76, No.4「カーボンリサイクル・コンクリート「T-eConcrete/Carbon-Recycle」の社会実装の進展」2024.4
- 経済産業省「令和2年度エネルギーに関する年次報告」2021.6

社会経済活動の基盤を強化する
- 国土交通省道路局「WISENET2050・政策集」2023.10

CHAP.2 どこでも暮らせる国土をつくる

地方創生を進める
- 人口戦略会議「人口ビジョン2100」2024.1公表

DXを使いこなす
- 国土交通省 中山間地域における道の駅等を拠点とした自動運転サービスホームページ（https://www.mlit.go.jp/road/ITS/j-html/automated-driving-FOT/index.html）
- 国立研究開発法人新エネルギー・産業技術総合開発機構 SIP第2期-自動運転（システムとサービスの拡張）-中間成果報告書（2018～20）2021.9
- 国土交通省「i-Construction 2.0～建設現場のオートメーション化～」2024.4

社会の変化に適応する
- 大西公平、斉藤佑貴、福嶋聡、松永卓也、野崎貴裕 リアルハプティクスの拓く未来社会 日本AEM学会誌 Vol. 25 No.1 pp.9-16 2017

CHAP.3 誰もが快適に暮らせる国土をつくる

グリーンインフラと生物多様性
- 球磨川水系緊急治水対策プロジェクト（https://www.qsr.mlit.go.jp/press_release/r2/21012902.html）
- 球磨川下流域環境デザイン検討委員会（https://www.qsr.mlit.go.jp/yatusiro/river/utsukushi/kankyodesign.html）
- 河川協力団体 次世代のためにがんばろ会ホームページ（https://www.ganbarokai.net/）
- 国土交通省上下水道ホームページ（https://www.mlit.go.jp/mizukokudo/watersupply_sewerage/index.html）
- 国土交通省「国土交通省 環境行動計画」令和3年12月
- 国土交通省水管理・国土保全局河川環境課「多自然川づくりのすがた」2018年3月
- 国土交通省水管理・国土保全局下水道部「下水汚泥資源の肥料利用に関する検討手順書（案）」2021.3
- グリーンインフラ官民連携プラットフォーム「グリーンインフラ事例集 令和5年3月版」

CHAP.4 国際的に尊敬される国をつくる

歴史・文化を大切にする国をつくる
- 那覇市歴史博物館編集「国宝「琉球国王尚家関係資料」資料集 首里城御普請物語」2022.3

日本の知見・技術で国際貢献する
- 国際協力機構「インドネシア国 中部スラウェシ州復興計画策定及び実施支援プロジェクト「開発計画調査型技術協力」（ファスト・トラック制度適用案件）最終報告書要約」2021.11
- 多田直人 日本河川協会「河川」第887～889「JICA専門家（総合防災政策アドバイザー）としてのインドネシアでの活動（第1～3編）」2020.6～8
- 山越隆雄 砂防技術センター機関誌 Sabo125号 海外事情「2018年インドネシア スラウェシ地震被災地調査レポート（速報）」2019冬
- 阿部玲子「マダム、これが俺たちのメトロだ！ インドで地下鉄整備に挑む女性技術者の奮闘記」2018
- JICAプロジェクト研究「ジェンダー主流化支援体制構築・インド国デリー高速輸送システム建設事業（フェーズ1～3）現地調査報告書」2016

CHAP. 5　建設界は社会を作る強力なエンジン

・土木学会・日本建築業学会 アンケート WG・社会価値 WG の活動報告
　「土木学会と日本建築学会の連携に関するアンケート」2023.11
・小田島組ホームページ（https://www.kaereru.odashima.co.jp/）
・大林組ホームページ（https://www.obayashi.co.jp/news/detail/news20120404_1.html）
・国土交通省「インフラシステム海外展開行動計画（令和 5 年度版）」
・土木学会誌「会長からのメッセージ 土木改革に向けて（2）」2011.10
・土木学会ホームページ（https://www.jsce.or.jp/prize/tech/files/2018_01.shtml）
・土木学会ホームページ（https://www.jsce.or.jp/rules/rinnri.shtml）

建設 未来への挑戦
国土づくりを担うプロフェッショナルたちの経験

2024年　9月24日　初版第 1 刷発行
2025年　1月30日　初版第 3 刷発行

編者	建設未来研究会／日経コンストラクション／日経クロステック
発行者	浅野 祐一
発行	株式会社日経 BP
発売	株式会社日経 BP マーケティング
	〒 105-8308 東京都港区虎ノ門 4-3-12
装丁・デザイン	村上 総 （Kamigraph Design）
表紙イラスト	橋本 かをり
編集スタッフ	谷口 りえ
印刷・製本	TOPPAN クロレ株式会社

©Kensetsumiraikenkyukai, Nikkei Business Publications, Inc. 2024
Printed in Japan
ISBN 978-4-296-20581-3

本書の無断複写・複製（コピー等）は、著作権法上の例外を
除き、禁じられています。購入者以外の第三者による電子
データ化及び電子書籍化は、私的使用を含め一切認められて
おりません。

本書籍に関するお問い合わせ、ご連絡は下記にて承ります。
https://nkbp.jp/booksQA